◎間違いじゃなかった◎

クルマ選び

古車巡礼

徳大寺有恒

ARITSUNE TOKUDAIJI

はじめに

日本にクラウンが登場した頃、僕の実家は茨城県の水戸近郊でタクシー会社をやっていて、１９５０年前後のシボレーをはじめとする営業車が何台かあった。そこにクラウンが加わったのは、デビューから2年ほど経った、僕が17歳のときだったと思う。当時の免許制度は現在とは違っていて、５ナンバー車まで運転できる小型四輪免許というのがあり、これが16歳で取得できた。僕は16歳の誕生日にその免許を取っていたから、クラウンに乗る資格はあったのだ。

高校時代、大切な営業車を壊されてはたまらないからと、僕はオヤジからポンコツの52年式ダットサンDB－2という、中身は戦前のダットサンを焼き直したモデルを与えられていた。なんとも生意気な小僧だったわけだが、これが２㎜はあろうかという分厚い鉄板のボディにわずか20psの８６０ccサイドバルブエンジンで、最高速度は70㎞／hがやっとという代物だった。これと比べたらオヤジの目を盗んで持ち出したクラウンは、天と地ほどの違いがあった。

年式はわずか4、5年でも設計年次にすれば20年くらい違っていたのだから無理もない話なのだが、僕はこのクラウンで初めて時速１００㎞を体験した。今なら軽でもお茶の子だが、当時１００㎞／hを出すというのは大変なことだった。

たとえ性能的には可能だったとしても、まず出せる道がなかなかなかった。高速道路などというものは影も形もなく（日本初の高速である名神の開通は63年）、それどころか水戸近辺には舗装路さえ少なかったのである。幸か不幸か茨城には東海村の原発があったため、その近辺には５㎞ほどにわたってコンクリート舗装された立派な道があり、僕にとって格好のテストコースになっていた。そこでクラウンによる「１００㎞／ｈチャレンジ」を敢行したのだった。

クラウンＲＳのエンジンは、当時の小型車（５ナンバー）枠いっぱいの１・５ℓ直４ＯＨＶ。最高出力は48ps。これで１・２トンのボディを動かすのだから、70㎞／ｈを超えたあたりから加速はガクッと鈍る。それでも長い直線路を利して辛抱強くアクセルを踏んでいたら、どうにかメーター読みで１００㎞／ｈに達した。ちなみにカタログデータの最高速が１００㎞／ｈ。実速では出ていなかっただろうが、素人にとってはメーター読みがすべてだ。

「国産車で１００㎞／ｈ出た」という事実に僕は興奮し、そして「国産車もここまできたか」という感慨に耽った。ひよっこが何をと思われるだろうが、僕のようなごくわずかなクルマ体験しかない小僧でもわかるくらい、それまでの国産車の出来はひどかったのである。

こうした時代からあとの日本車の飛躍は、みなさんもご承知の通りだと思う。僕はこれまで『間違いだらけのクルマ選び』をはじめ、ときとして日本車に厳しい言葉を投げかけることもあった。しかし、年を追うごとによくなっていったのも事実である。

この目でしかと見てきた「日本車の成長」、つまり日本車が歩んできた道のりは「間違いじゃなかった」と実感している。本書では、初代クラウンから『間違いだらけのクルマ選び』を出す直前の70年代中頃までの日本車の青春時代を、改めて振り返ってみたのである。

CONTENTS

目次

1章 トヨタ編

クラウン

近代国産車史の始まり

1955年1月、初代トヨペット・クラウンRS型が誕生した。この年をもって私は近代日本の乗用車史の始まりとしたい。異論はあろう。日産は戦前から小型車のダットサンを量産していたし、戦後も日産、トヨタ、プリンスなどが主としてタクシーキャブ向けの乗用車を作ってはいた。

しかし、それらはトラックシャシーに乗用車ボディを架装したものであり、そのボディは一部または全部が手作りだった。言ってみれば間に合わせの産物でしかなかったのだ。

それらに対して、クラウンは開発段階から乗用車専用設計が施されたモデルだった。トラックと訣別した低床のラダーフレームに前輪独立懸架を備えたシャシーに、特徴的な観音開きドアを持つオールプレス製ボディを架装。すでに実績のあった直4OHV1・5ℓエンジンに、油圧式クラッチ、2速以上がシンクロメッシュの3段ギアボックスなど、国産車としては進歩的な機構を備えていた。

欧米の技術レベルにあてはめてみれば、ようやくテールエンダーの背中が見えたといったところだったが、それでもブリキ細工のようだったそれまでの日本車と比べたら、格段にモダンでスマートに見えたものだ。まえがきでも述べたように、僕はこのクラウンで生まれて初めて時速100㎞を体験してもいる。

トヨペット・クラウン（RS）　1955年

クラウンの出来に感心したのは、無論僕だけではなかった。当時最大の需要層だったタクシー業界をはじめ各方面から高い評価を受けたクラウンは、トヨタのみならず日本の自動車工業界全体に自信と勇気を与えるとともに、政財界を巻き込んだ「乗用車は外国車異存か国産車育成か」の議論に終止符を打たせた。

今ではとても信じられないだろうが、国産車の保護育成を唱える通産省（現・経済産業省）に対して、「育成など無駄。乗用車は輸入すればいい」と声高に訴える勢力もあったのだ。それを封じ込めたのがクラウンの出現であり、逆をいえば、もしクラウンが登場しなかったら、日本の基幹産業たる自動車産業は現在とは形を変えていたのかもしれないのである。

日本人にとっての自動車観を決定づけ、自動車業界における「55年体制」を築いた初代クラウンは、以後改良を重ねていく。特筆すべきは、59年に国産初のオートマチック「トヨグライド」をラインナップに加えたことだろう。トルクコンバーター式の2段ATで、フルオートマチックではなく効率も低かったが、イージードライブ

トヨペット・クラウン（RS40） 1962年

時代の到来に向けたトヨタの読みが正しかったことは、世界一のＡＴ大国となった事実が証明している。

　2年後の57年にはプリンス・スカイライン(グロリア)、60年には日産セドリックというライバルが登場したが、5ナンバーフルサイズのリーディングブランドとしての地位を守り続けたクラウンは、１９６２年に初のフルモデルチェンジを迎え、2代目ＲＳ40系となった。

　モデルサイクル中に小型車規格が拡大されたこともあって、ボディは初代の面影をとどめないほど長く、低く、スマートになった。これほど劇的なモデルチェンジはいまだかつて見たことないほどの変貌ぶりだったが、中身のほうもパワートレーンを除いて一新された。

　当初のエンジンは初代の途中から小型車規格の変更に伴い１・９ℓに拡大された直４ＯＨＶの３Ｒ型のみ、グレードもスタンダードとデラックス、カスタムと名乗るワゴンだけだったが、65年にはその後長らく使われることになる直６ＳＯＨＣ２ℓのＭ型エンジンが追加された。このＭ型を積んだＭＳ40系には、63年の第１回日本グランプリ以降、盛り上がったスポーツブームに呼応した、エンジンをSUツインキャブで強化し、4段フロアシフトに前輪ディスクブレーキ、タコメーターなどを与えたスポーツセダンの「S」や、パワーウィンドウなどの豪華装備が与えられた「スーパーデラックス」も用意された。

いっぽうでは個人オーナーを狙った、スタンダードとデラックスの中間車種である「オーナースペシャル」も加えられた。さらにはボディを拡幅し、国産初のV8エンジンを積んだ派生車種の「クラウン・エイト」も登場した。このエイトは次世代でセンチュリーに発展するが、モデルサイクルを通してワイドバリエーション化が進められていったのである。

クラウンの思想は初代で、そしてその技術や車種構成の基本はこの2代目で形成されたといえるが、僕自身のドライビングの基礎を作ったのも、じつはこの2代目RS40系クラウンだった。帰省するたびにオヤジのタクシー会社の主力車種となっていたクラウンに乗っては砂利道をカッ飛んでいたのだが、やがてトヨタの契約ドライバーとなってからはサーキットで、ジムカーナコースで、そしてダート（ラリー）と走り回ったのだ。トヨタを辞めてからも直6を積んだオーナースペシャルの中古を買い、乗り回していたほどである。初代に比べたら、安定性、乗り心地ともに格段に向上していたし、動力性能もセダンにふさわしい使い方をする限り問題なかった。ただし、当時のトヨタ車に共通する傾向でステアリングはフラフラしていて頼りなく、四輪ドラムブレーキの制動力は大いに不満だった。もっとも、60年代の国産車で満足のいくブレーキなど皆無に近かったのだが。

初代に続いて2代目も成功を収め、市場における地位を盤石としたクラウンは、1967年に3代目RS／MS50系に発展する。初代以来の特徴であるフルフレーム構造は継承されたが、形式が2代目のX型からペリメーター型となったことが最大の変更点だ。この形式はその後9代目までじつに30年近くにわ

トヨペット・クラウン（MS50） 1967年

たって使われ、クラウンのトレードマークとなった。

2代目RS40系の開発に際して、トヨタはフォード初のコンパクトカーであるファルコンを大いに参考にしたそうだが、この3代目RS／MS50系は、フレーム形式やスタイリングなどにGM系モデルの影響が大きい。

3代目は広告戦略に新機軸を打ち出した。都会的でゆとりのある壮年紳士のムードを漂わせた俳優の山村聰をイメージキャラクターに据え、「白いクラウン」というキャッチフレーズを掲げ、増加するオーナードライバー層にターゲットを絞ったキャンペーンを張った。

法人向けの黒塗りおよびタクシー用というイメージからの脱却を象徴した「白いクラウン」は、その後の「いつかはクラウン」と並ぶクラウン広告史上の名コピーだと思うが、コンセプトから表現手法に至るまで、ここまで徹底的に練り上げられた広告戦略は、日本の自動車広告としては初めてだった。そうしてオーナードライバーの目を向けさせたところで、68年には5ナンバーフルサイズとしては初の本格的なパーソナルカーである2ドアハードトップを追加し、市場をさらに広げた。

トヨタ・クラウン（MS60） 1971年

1971年、4代目MS60系クラウンが登場する。初代クラウンは8年近く、2代目は約5年のモデルサイクルを保ったが、3代目は好評だったにもかかわらず、わずか3年半でフルモデルチェンジを迎えたのだ。もちろん、これには理由があった。

66年に日産がプリンスを吸収合併したことによって、クラウンのライバルだったセドリック（日産）とグロリア（プリンス）が呉越同舟となっていたが、その両車が71年2月に同時に世代交替し、双子車となることがわかっていたからである。クラウンとしては、モデルサイクルを早めてもタイミングを合わせて新型をぶつけてライバルの出鼻を挫き、完膚無きまで叩きのめそうと考えたのだろう。ところが、これがとんだ計算違いとなった。

初代クラウンが誕生した際、その進歩的な前輪独立懸架の信頼性、耐久性に不安を感じるタクシー業界に対応して、従来のトラックシャシーを改良した前後リジッドアクスルのタクシー専用車「トヨペット・マスター」を同時発売したことに始まり、クラウンの歩みは常に新機軸を打ち出しながらも慎重だった。だが、4代目クラウンはそうではなかった。中身こそ先代のキャリーオーバーだったが、それを包む「スピンドルシェイプ」と称するスタイリングは斬新奇抜、早い話がブッ飛んでいたのである。

空力を意識し角を丸めたボディに、2階建て式のボンネット、そして国産初のカラードバンパーといったディテール。それは新しく意欲的であり、個性的でもあったが、従来のクラウンのデザインとはまったく脈絡がなかった。端的にいうならば、トヨタ車のなかで最も前衛的なスタイリングを、（ショーファードリブン用のセンチュリーを除いては）最も保守的なユーザーが相手のクラウンに採用してしまったのだ。

誕生以来20年弱、5ナンバーフルサイズの市場をリードしてきた自信が過信に近くなり判断を誤らせ、突出したものにゴーサインを出してしまったのだろうか。通常、そうした冒険は裏目に出るのだが、この場合も然り。元来保守的な法人需要やタクシー需要はもちろん、頼みの綱であるオーナードライバー層までがこの大胆な変身に拒否反応を示した。そして3代目MS50系クラウンをベンチマークとして開発された節があるライバルのセドリック／グロリア連合軍に、誕生以来初の敗北を喫してしまうのである。

あわてたトヨタは、マイナーチェンジでボディをやや角張らせ、クロームメッキを増やすなどの応急処置を施した。外国人の女性モデルを起用したファッショナブル路線の広告展開も中止して山村聰をイメージキャラクターにカムバックさせ、さらには強力な助っ人として吉永小百合を迎えペアを組ませた。そして再び3年8カ月という短いモデルサイクルで5代目MS80系との世代交替を図るのである。

かくして4代目MS60系はクラウン史上唯一にして最大、痛恨の失敗作となった。しかし、「クジラ」の俗称で呼ばれた4代目のスタイリングは、今見るとじつに革新的だ。特にクロームが少なく、思想がピュアだった前期型がいい。ハードトップよりもセダン、セダンよりもワゴン（バン）と、普通とは逆にパーソナル性が低くなるほど個性的なスタイリングになっていくところにも驚かされる。とはいえ、しょせん

トヨタ・クラウン（MS80） 1974年

は徒花だったのだが。

　１９７４年に登場した5代目ＭＳ80系クラウンは、いわば突然変異のような先代ＭＳ60系を歴史から消し去り、先々代ＭＳ50系を正常進化させたようなモデルだった。盤石だった55年体制を揺るがせた先代への反省と、当時アメリカで流行っていた30年代にスタイリングモチーフを求めた復古調が混じりあったのか、スタイリングは反動的ともいえるほどおとなしいものだった。中身は基本的に先代、ひいては先々代からの踏襲である。

　広告のイメージキャラクターは引き続き山村聰と吉永小百合のペアで、キャッチコピーは「美しい日本のクラウン」。苔むした古寺のような風景をバックした広告の印象が強いが、ことさらに日本や伝統を強調したクラウンの広告戦略はこの代から始まった。

　だが、単に広告で謳い上げただけでなく、日本の高級車としてのクラウンのオリジナリティを確立するための技術的な勘所も、この頃につかんだのではないかと思う。そのオリジナリティとは何かといえば静かさ、静粛性である。高級車でいちばん大切なことは静粛性なのだが、じつはこれはいちばん難しい。トヨタは後にセルシオが標榜した「源流主義」、すなわち騒音の元から断つという手法で世界を唸らせた静粛性を達成したのだが、そのための基礎的な技術はこの時代に形成されたように思えるのだ。

コロナ

打倒！ダットサン

1955年に発売した初代クラウンRS型の成功によって、トヨタは5ナンバーフルサイズ市場のリーダーとなった。同じ年に日産はダットサン110型を出したが、こちらは小型タクシー用としてヒット。中型車はトヨペット（トヨタ）、小型車はダットサン（日産）という定評が出来上がったが、トヨタとしてはダットサンによる小型車市場の寡占を許すわけにはいかなかった。

もちろんトヨタとて手をこまねいていたわけではなく、後に2代目PT20コロナとして登場することになるモデルの開発を進めてはいたのだが、次第に大きくなる販売側からの要求に対して、大急ぎで間に合わせの商品を出さざるを得ない状況に追い込まれた。そうして57年に登場したのが初代コロナ（ST10）だ。

既存車種のコンポーネンツを用いてニューモデルを作り上げるのはトヨタお得意の手法だが、その元祖がこのコロナ。とはいえコロナ以前に存在していたモデルといえば、クラウンとその兄弟車であるタクシー用のマスターしかない。必然的に両車のパーツをありったけ使ってコロナはでっちあげられた。

前後ドアはマスターからの流用なのだが、全長はクラウン／マスターより30㎝以上短いから、真横からみるとマスターを前後に押しつぶしたように見える。ずんぐりむっくりしたそのルックスから、「ダルマ」

トヨペット・コロナ（ST10） 1957年

という あだ名が付けられた。足まわりはクラウンからの流用で、エンジンは「トラックの国民車」と呼ばれたトヨエースなどに使われていた直4サイドバルブ1ℓのS型。クラウン／マスター用のR型と、47年に登場した戦後第1作であるこのS型しか乗用車に使えるエンジンがなかったのだ。

しかし、世間の評価は急造品に甘くはなかった。1・5ℓ級のクラウン／マスターをベースにした車体に1ℓのサイドバルブエンジンではどうにも走らず、ダットサンの牙城を脅かすどころか、その駄目っぷりがライバルの評価をさらに高める結果となってしまったのだ。

いっぽうダットサンは58年にエンジンを新開発のOHV1ℓに換装した210型となり、翌59年には乗用車専用設計となった初代ブルーバード310型に発展、ますます小型車市場を固めていったのである。

1960年、待ちに待った本命である2代目PT20コロナが登場するが、デビューに際してトヨタは日本初のティーザーキャンペーンを行い話題を呼んだ。正式発表前にクルマをシルエットのみで見せた広告を打って

トヨペット・コロナ（PT20） 1960年

ユーザーを〝ｔｅａｓｅ〟、すなわちじらして期待を煽ったのである。

発表されたＰＴ20はその期待に違わぬ意欲作だった。すべてのピラーが後方に傾斜しているという斬新なモチーフを用いたボディは、先代とは打って変わってスマートな印象を与えた。エンジンは先代の途中から採用された直４ＯＨＶ１ℓのＰ型だが、サスペンションはフロントがダブルウイッシュボーン／トーションバーの独立、リアは固定式ながら1枚リーフとコイルを組み合わせたカンチレバー式というユニークな形式だった。

発売されたＰＴ20はスポーティな操縦性と乗り心地のよさでオーナードライバーには好評を博したが、タクシーとして酷使されるとトラブルが多発した。とくに問題となったのは、あろうことかセールスポイントだったリアサスペンション。路面がよければ問題ないが、悪路で急激にダンピングが限界に達し、後席の住人がルーフに頭をぶつけてしまうという事態が発生したのだ。加えてボディ剛性が不足しており、ガタガタ道を走っているとドアが半開きになってしまうことさえあった。その結果、コロナは乗り心地はいいが弱いクルマという定評ができ上がってしまった。

そのレッテルを払拭すべく、コロナはまずエンジンをスープアップした。60年秋に小型車（5ナンバー）規格が1・5ℓから2ℓに拡大されたのを受けて、クラウンは1・5ℓのR型から1・9ℓの3R型に換装したが、翌61年にコロナは兄貴のお下がりとなったR型を積んだのである。

排気量が一気に5割増しとなったコロナ1500（RT20）は、次いでリアサスペンションも平凡なリーフリジッドに変更し、ボディも強化した。いっぽうでは崖から突き落とされても平然と走り続けるといった、スタントカーまがいの派手な走行シーンをフィーチャーしたテレビCMをオンエアするなど、ハードだけでなくソフトの面からも弱いクルマというイメージから脱却すべく励んだ。そんなコロナにとって、好機となったのが63年に開かれた第1回日本グランプリ。ツーリングカーレースに出場したコロナは、他社が様子見での参加だったことで運良く表彰台を独占、この結果を大きくPRしたことによって、コロナのイメージは少なからず改善されたのだった。

ちなみに僕は翌64年トヨタの契約ドライバーとなり、このRT20を駆って第2回日本グランプリに出場したのだが、前年の雪辱に燃えるプリンスチームがエントリーしたスカイライン1500に惨敗を喫してしまう。なにしろ鈴鹿サーキットのストレートで、コロナは140㎞／hがやっとなのにスカイラインは160㎞／hは出ており、ラップタイムが1周で8～10秒も違ったのだから、お話にならない。おまけにハンドリングはどアンダーで、ブレーキはピット前を通過したらすぐに踏み込まないと第1コーナーに間に合わないという代物だった。早くもブレーキングに入った僕を抜いてからブレーキランプを点灯させるスカイラインの後ろ姿を、何度見たことか。

しかし、速さはともかく度重なる改良の結果、コロナは頑丈なクルマになっていた。僕はこれで何度も

トヨペット・コロナ（RT40） 1964年

ラリーに出場したが、まるでＣＭの再現のごとく、岩だらけの悪路をガンガン飛ばしてもビクともしなかったのだから。

一度ターゲットを定めたら、一度や二度失敗してもけっしてあきらめない。これがトヨタの身上であるが、それを最初に実現して見せたのが、１９６４年秋に登場した3代目ＲＴ40系コロナだった。スラントしたノーズの形状とフロントグリルのパターンから「電気カミソリ」とか「バリカン」などと俗称されたモデルである。

アローラインと呼ばれた直線的なスタイリングのボディに包まれたその中身は、初代クラウンおよびＲＴ20で実績のあるＲ型を改良したＯＨＶ１・５ℓの２Ｒ型エンジンをはじめ、ごくオーソドックスなものだった。しかし急造品で商品力が不足していた初代、および新機軸が裏目に出た2代目という二度の苦い経験を踏まえ、三度目の正直とばかり手堅くまとめられていた。

デビュー直後に名神高速において「10万キロ連続走行公開テスト」を実施して、先代の弱点だった耐久性の不安を払拭するなど、トヨタが総力を挙げてプッシュした結果、65年初頭にはついに宿敵ダットサン（ブルーバード）を抜いて、誕生以来の悲願だった国内販売1位の座を射止めたのである。

ライバルである2代目410ブルーバードの、ピニンファリーナの手になるスタイリングが「尻下がり」と呼ばれ評判が芳しくなかったこともコロナには幸運だったが、以後両車は双方の頭文字から「BC戦争」と呼ばれた激しい販売合戦を繰り広げていく。

戦いが有利と見るや、一気に畳みかけるのもトヨタの常套手段だが、これもRT40の時代に始まったことといえよう。65年には日本では初となるハードトップ、さらにはこれまた日本初の5ドアハッチバックを「5ドアセダン」の名で追加した。さすがに後者は時期尚早でほとんど売れなかったが、トヨタは6代目コロナの時代に「リフトバック」の名で十数年ぶりに復活させ、以後数代続けた。

また67年にはレースに実戦投入して開発したDOHC1・6ℓエンジン搭載の1600GT（RT55）も加えている。9R型というそのエンジンはトヨタ2000GT用の3M型と同様、ヤマハ発動機の手でツインカム化されたものだが、ベースとなった2R型と同じ3ベアリングのままだったので、DOHCとはいえ高回転はあまり得意ではなく、振動も大きかった。だが、レースではそこそこ活躍したし、何より当時は珍しかった「ツインカム」という響きは効果絶大でイメージリーダーとしての役割は果たした。

RT40は国内市場のみならず、北米を中心とする国際市場でも本格参入を果たした初のトヨタ乗用車だった。かつてトヨタは初代クラウンの北米輸出を試みたが、パワー不足と高速安定性の欠如という厳しい評価を受け、その後はランドクルーザーによって細々と市場を開拓していった。

コロナは2代目RT20の末期から、クラウン用の1・9ℓエンジンを積んだ北米輸出専用車を「ティアラ」の名で販売していたが、RT40に切り替わってからは車名を国内と同じ「コロナ」に統一して輸出を本格化させた。66年には日本車としては初めて年間輸出台数5万台を突破し、国内に続いて海外市場でも先行していたブルーバードからナンバー1の座を奪ったのだった。RT40は、トヨタの世界制覇への道を切り開いたモデルでもあったのである。

パブリカ

国民車構想への回答

1950年代後半から60年代にかけて、軽自動車を含む小型車が各社から続々と登場した背景には、55年に通産省が提唱した「国民車構想」なるものがあった。

国民車の条件とは、排気量350～500cc、4人乗車（うち2人は子供でもいい）で100km／hを出せること、60km／h定地走行時の燃費がリッターあたり30km、大きな修理を必要とせず10万kmを走れること、販売価格25万円、58年秋には生産開始できること、といったところである。当時の日本車のレベルを考えたら、絵に描いた餅というか、まあ虫のいい話だった。なんとなれば、その年にデビューした初代クラウンRSの最高速度が100km／hで、100万円以上していたのだから。とはいえ、各社これに沿って開発を進めた結果、スバル360、三菱500、マツダR360クーペなどが登場したのである。そしてトヨタの国民車構想への回答が、61年に発売されたパブリカ（UP10）だった。

パブリカ発売に先立つこと5年、国民車構想が発表された翌56年に、早くもトヨタは第1号試作大衆車をメディアに公開している。「ウチはちゃんとやってますから」というお上に対する意思表示というわけだが、後にパブリカ、そして初代カローラのチーフエンジニアとして知られることになる長谷川龍雄さん

トヨタ・パブリカ（UP10） 1961年

が陣頭指揮を執ったこの試作車は、当時としてはかなり斬新な設計だった。

長谷川さんはプリンスの前身である立川飛行機で戦闘機の開発に携わっていた経歴を持つ、私の尊敬するエンジニアの一人だ。その飛行機屋さんの設計だけあって、試作車は2ボックス風のシンプルなボディに空冷フラットツインエンジンを載せ、前輪を駆動する合理的な設計だった。フラットツインによるＦＦは、シトロエン2ＣＶかパナールを参考にしたのではないかと思うが、いずれにせよ意欲的な設計ではあった。

少々脱線するが、この試作車が発表された57年に、2ＣＶを参考にした空冷フラットツインのＦＦ車が日本で市販開始されていたことを記しておきたい。スチール家具で知られる岡村製作所が作った「ミカサ」がそれだが、さらにユニークなことに「ミカサ」は自社製トルクコンバーターによる2段ＡＴを備えていたのだ。

当初はＦＦによるフラットなフロアを備えたバンでスタートし、翌58年には同じシャシーに軽快なオープンボディを載せた「ミカサ・ツーリング」も加えられたが、既存の自動車メーカーの壁は厚くやがて撤退した。

閑話休題。第1号試作車から4年、60年の東京モーターショーに展示された「トヨタ大衆車」は、空冷フラットツインこそ残されたものの、スタイリングは3ボックス、駆動方式はFRとごくオーソドックスな設計に改められていた。おそらく生産技術の観点などからFFは時期尚早と判断されたのだろうが、シンプルかつ軽量という基本コンセプトは守られていた。なお、トヨタがFF車を世に送りだすのは、じつにそれから20年近くを経た78年のこと。車種はターセル／コルサだった。

トヨタ大衆車は翌61年、公募により「パブリック」と「カー」を合成した「パブリカ」という、まさに「体を表す」名が与えられて発売された。当初は光り物や余分なアクセサリーがない、ごく簡素なモノグレードのみ。カタログには「これ以下ではムリ　これ以上はムダ」という、成り立ちを的確に表現したキャッチフレーズが掲げられていたが、その言葉どおり、ヨーロッパの小型車にも通じる合理的な設計は、トヨタの歴史にあって異質なものだったといえる。

とはいうものの、ボディカラーは淡いパステルトーンのアイボリー、グレー、ブルー、そしてピンクの4色が用意されており、内装色もボディカラーに合わせてコーディネートされていた。内装の色を変えるというのは、じつは手間のかかることなのだ。ごくシンプルなベーシックカーであるにもかかわらず、こうした面では効率至上主義の現代では望み得ないぜいたくが許されていたのである。

飾り気がなく見た目こそ安っぽかったものの、パブリカはキビキビとよく走った。当時の国産車の常でブレーキは弱かったが、軽量かつ重心が低かったためハンドリングは軽快で、また燃費も優れていた。

僕がドライバーとしてトヨタチームに属していた頃は、レーシングマシンといってもツーリングカーしかなかった。それもクラウン（RS40）、コロナ（RT20）、そしてパブリカの3車種だけだったのだが、もっともスポーティで楽しかったのは、このちっぽけなパブリカだったのだ。

しかしパブリカは、トヨタの目論見に反して売れなかった。パブリカのターゲットである大衆にとって、マイカーは憧れであり、豊かな生活の象徴である。しかしパブリカはといえば、ペナペナの安普請。ひと足先にデビューした三菱５００も同様の理由で失敗していたが、質素な内外装がマイカーのあるデラックスな生活を夢見る高度成長下の一般大衆に敬遠されてしまったのは、ある意味無理もないことだった。

それでもトヨタは「大衆車にデラックスは不要」と理想論を唱えていた。今では信じ難い話だが、クロームのモールディングやツートーンカラーで着飾った軽乗用車のデラックスモデルが人気を博し始めると、きれいごとを言ってもいられなくなり、63年にデラックスを追加した。

各所にクロームの光り物をあしらい、シートをビニールから部分的に布を張ったリクライニングに替え、ラジオなどのアクセサリーを備えたデラックスは、僕の目には物欲しげで情けないクルマに映った。あの高邁な理想はどこへ行った?と問い詰めてやりたい心境だった。しかし、大衆の欲していたものはまさにこのデラックスだった。これの追加によって、パブリカの販売は一気に上向いたのである。

このデラックスの追加にあたっては、おもしろいエピソードを耳にしたことがある。営業サイドからの要望に対して「デラックス不要論」を頑強に唱え、反対したのはほかならぬチーフエンジニアの長谷川さんだったという。セールスは何より大事だが、長谷川さんの意見を無視するわけにもいかない。困った上層部は、長谷川さんを視察の名目で長期の海外出張に出し、「鬼の居ぬ間」とばかりにデラックスを発売、既成事実を作ってしまったそうなのだ。真偽のほどはともかく、長谷川さんという人は、それほど優秀で大事にされていたエンジニアなのである。

同じ轍を二度と踏まないトヨタは、このパブリカの苦い経験をもとに、綿密なマーケティングの結果を

トヨタ・パブリカ（KP30） 1969年

分析した上で次なる大衆車を開発、発売と同時に大ヒットさせた。言うまでもなくその大衆車とはカローラであるが、その出現に伴い、パブリカは経済的なファミリーカーから若者向けの廉価なパーソナルカーへとキャラクターを変えていく。スタンダード仕様の価格が36万円だったことから「1000ドルカー」と謳った広告キャンペーンが記憶に残っているが、1ドル＝360円という当時の固定為替レートを知らない若い人たちには意味不明だろう。

69年にパブリカはフルモデルチェンジされ2代目に進化する。ラインナップには空冷フラットツイン搭載車も残されたが、主力はカローラ用を縮小した水冷4気筒1ℓエンジンを積んだモデルとなる。エンジン以外の成り立ちもほぼカローラと共通で、車名と価格が安いことを除いては初代との関連性が薄い平凡な小型車だった。

結局、パブリカはこの2代目で終わってしまうのだが、モデルサイクルの途中で派生した、ミニ・セリカ的なパーソナルクーペがスターレットである。中身はパブリカだから特筆すべきものは何もないが、シャープなスタイリングはなかなかカッコよかった。

公表されてはいないが、これを手がけたのはジウジアーロだろう。なぜなら、サイドビューが彼の作品であるアルファ・ロメオ・アルフェッタGTにそっくりなのだ。そのスターレットは2代目に進化する際にハッチバックのベーシックカーに変身、その後長らくトヨタのボトムラインを支えることになる。

トヨタ・スポーツ800

愛らしく知的なスポーツカー

パブリカのメカニカルコンポーネンツを利用して、トヨタはその歴史において初となるスポーツカーを世に出す。1965年に発売された、通称ヨタハチことトヨタ・スポーツ800がそれである。

軽量コンパクトで愛らしく、かつ知的なスポーツカーで、トヨタの歴代モデルのなかでも上位にランクされるべきクルマだと思う。少なくとも僕にとっては、ほぼ同時代に生まれたもう1台のスポーツカーであるトヨタ2000GTより、はるかに魅力的である。

スポーツ800は、開発能力を備えたトヨタ系のボディメーカーである関東自動車工業で生まれたクルマだ。中心となったスタッフは、プロデューサーが関東自動車の菅原留意さん、デザイナーが同じく関東自動車の佐藤章蔵さん、そしてトヨタ側の開発責任者が長谷川龍雄さん。

いずれも年配のクルマ好きなら、聞き覚えがあるだろう名前である。佐藤さんは日産の出身で、ダットサン110/210や初代ブルーバード310をデザインした方だ。日産とトヨタのクルマを、それもインハウスのデザイナーとして手がけたのは、僕の知る限り佐藤さんだけである。

トヨタ・スポーツ800（UP15） 1965年

菅原さんは初代クラウンの姉妹車であるトヨペット・マスターや初代コロナなどのデザインを担当、後に関東自動車の常務まで務めた。60～70年代に『カーグラフィック』誌に連載された、メルセデス・グランプリカーの考証記事の書き手としてご記憶の方もおられることだろう。長谷川さんは、パブリカやカローラの項で記したように、それらの開発主査を務めたエンジニアである。

こうした強力なトリオのコラボレーションから生まれたスポーツ８００。63年の東京モーターショーにパブリカ・スポーツの名で出展された最初のプロトタイプにはドアがなく、戦闘機のようなキャノピー状のルーフをスライドして乗降するという大胆なデザインだった。さすがに市販型では一般的なドアに改められたが、ルーフはいわゆるタルガトップのような着脱式で、オープンエア・ドライビングも楽しめた。

パブリカの空冷フラットツインを８００cc に拡大し、ツインキャブ化したエンジンは45 psに過ぎなかったが、ボンネットやルーフにアルミパネルを使うなどして軽量化に努めた結果、車重はわずか５８０kg。その軽さを利してハンドリングはじつに軽快で、水すましのようにスイスイと走った。

軽量化とともに、空気抵抗の減少もスポーツ800の開発テーマだった。模型による風洞実験の結果、Cd値は0・32という優秀な値を記録した。ここまで空力に取り組んだ日本車は、おそらくこれが初めてだろう。

軽量さと優れた空力特性を武器に、スポーツ800はモータースポーツでも活躍した。有名なのは、65年に船橋サーキットで開かれたCCCレースにおける雨中の大逆転。序盤のアクシデントで大きく順位を落とした浮谷東次郎のスポーツ800が驚異的なペースでラップを重ね、やがてトップを独走していた生沢徹のホンダS600を追いつめ抜き去り優勝した伝説のレースである。

たしかにこれは名勝負だったが、スポーツ800がその真価を発揮したのは耐久レースである。軽量で空気抵抗が少ないから燃費が抜群によく、燃料補給のためのピットインが少なくて済む。構造がシンプルだから信頼性も高い。ゆえに長丁場のレースが進むにつれて徐々にポジションを上げていき、終わってみれば大排気量車を抑えて上位入賞、ということをしばしばやってのけた。実際、66年の鈴鹿500kmレースでは総合優勝まで勝ち取っているのだ。

スポーツ800はきわめて魅力的なライトウェイトスポーツだった。しかし当時の日本に、まだまだ2人乗りの遊びグルマを買える人は少なく、生産台数は3000台前後に留まる。とはいえその輝きは今なお色褪せてはいない。それどころか、軽量コンパクトで高効率というそのコンセプトは、エコロジーが叫ばれる今の時代にこそふさわしいものではないだろうか。

カローラ

プラス100ccの余裕

自らの理想を具体化したパブリカで失敗したトヨタは、以後は徹底したマーケティングを行い、しかもライバルに先行させてその動向をじっくりと見据えてから、満を持して新車を投入するようになった。この、いわば「後出しジャンケン」戦法の第1弾が、1966年秋にデビューしたカローラだ。

カローラの開発責任者は、パブリカと同じく長谷川龍雄さんである。パブリカの項で、デラックス追加に際して長谷川さんと販売サイドの間で繰り広げられたエピソードを紹介したが、カローラの開発に関しても、やはり販売との間にひと悶着あったという。

デビューから約1年半後の68年に、カローラ・スプリンターと名乗るスタイリッシュな2ドアファストバッククーペがシリーズに追加された。スプリンターは2代目以降、カローラの姉妹車として独立したシリーズとなるが、当初はカローラのバリエーションに与えられた名称だった。

あまり知られていないが、そのカローラ・スプリンターのファストバッククーペこそが、カローラのオリジナルボディだったのだという。当時、トヨタはトヨタ自動車工業とトヨタ自動車販売という製販が分離した別会社で成り立っていた。販売のボスは、戦前の日本GMからのキャリアを持ち「販売の神様」と呼ばれた神谷正太郎さん。この神谷さんのところに、長谷川さんが開発最終段階に入っていたカローラの説明に行ったところ、資料を見るなり「こんなスポーツカーは売れない。セダンじゃなきゃダメだ」と、拒否反応を示したのだという。

当然ながら激しい議論になったが、さすがの長谷川さんも「販売の神様」に売れないと言われては折れ

トヨタ・カローラ（KE10） 1966年

るしかなく、セミファストバックの2ドアセダンに修正した。それが66年秋に発売されたカローラというわけだ。

それより半年早い66年春、日産からサニーがデビューしていた。ごくオーソドックスな設計だったが、軽量ボディとOHVながらよく回るA型エンジンによって活発に走る、なかなかいいクルマだった。先行したライバルに対するカローラの最大のセールスポイントは、キャッチフレーズとなった「プラス100ccの余裕」。すなわちジャスト1000ccだったサニーに対して1100ccエンジンを搭載していたのだ。

いったん狙いを定めたら最後、徹底攻撃するのはトヨタの伝統だが、その手法が確立されたのもこの初代カローラだった。なにしろ正式発表前の新聞広告で、すでにサニーに対するネガティブ・キャンペーンを張っていたのだから驚かされる。

キャッチフレーズの「プラス100ccの余裕」に続いて、ボディコピーでは「カローラは1100ccに移りました。ヨーロッパでもこのクラスの主流は1100cc。必要な条件を満たすには1000ccではムリなのです」と、名指しこそしていないものの、いきなりバッサリとライバルを斬り捨てていたのだ。

そして発売後は「ムリな重量軽減をしていないので耐久性は絶大」などという、これまた暗にサニーを揶揄したような文句まで持ちだして攻撃を仕掛けたのである。実際に乗ってみればサニーのほうがエンジンは回るし、車重も軽いため走りは上だった。しかし、カタログスペックでは、サニーの最高速度135㎞／hに対してカローラは140㎞／hと上回っていた。

そして何より両車を差別化していたのが、その「見た目」である。直線基調でクリーンだが、悪く言えばペキペキの折紙細工のようなボディをまとったサニーに対して、カローラはソフトなセミファストバックスタイル。実際の寸法はほとんど違わないにもかかわらず、カローラのほうが大きく、立派に見えた。

パブリカの失敗から学んだトヨタの戦略というわけだが、これが初めてのマイカーを手に入れようという、あるいは軽からのステップアップを目論む大衆の心に見事に刺さったのだ。同じ耐久消費財でも、電気冷蔵庫やテレビとは違ってクルマは他人の目にも見えるものである。見せるものという側面もあるだろう。だったら見た目は立派なほうがいい。この消費者心理は今も変わらないだろうが、当時はその思いがことさら強かったのだ。見た目ほどではないが、カローラにはもうひとつ、サニーに対する優位性があった。ギアボックスがサニーの3段コラムシフトに対して、4段フロアシフトが全車標準だったのだ。

シフトについて言えば、アメリカ車の影響から、初代クラウン以降の国産乗用車の多くがコラムシフトを採用していた。当時の感覚ではコラムシフトは「スマートでオシャレ」であり、フロアシフトは「トラックみたいで野暮」だったのである。必然的に組み合わせられるシートはベンチだった。

ところが63年の日本グランプリ開催によって、スポーティなドライビングに目覚めた一部のマニア層から、フロアシフトを求める声が生まれた。これに応えてメーカーはフロアシフトへ改造するスポーツキットを出したり、あるいは当初からフロアシフトを備えエンジンのチューンを高めたスポーツセダンをラインナップするなどして、再びフロアシフトが日の目を見たのである。この動きにもっとも早く対応したのはいすゞで、63年に発売した1・5ℓ級のセダンであるベレットは「スポーティサルーン」と謳い、4段フロアシフトとセパレートシートを標準で備えていた。

カローラは大衆車としては初めてこの組み合わせを採用、メーター類も60年代の主流だった角形ではなく円形とし、大いにスポーティムードを訴えていた。ちなみにこのフロアシフトは、トラックのようなダイレクト式で、フロア前方から長いシフトレバーが生えていた。

カローラに限らず、フェアレディやベレットGTなどを除いた国産車のフロアシフトはほとんどがこの形式だったのだが、シフトストロークが大きくあまりスポーティとはいえなかった。僕はそれが気に入らず、当時やっていたカーアクセサリー会社「レーシングメイト」から、ダイレクトシフトをリモートコントロールにするカローラ用のシフターキットを発売した。だが、開発コストと手間がかかったわりに売れ行きはサッパリだった。

その失敗から学んだのは、カーマニアと呼ばれる層であっても、フロアシフトでさえあれば十分にスポーティで満足だった、ということだ。ましてやカローラオーナーの多数を占める一般大衆にとっては、そもそもシフトフィールなどという概念がなかったのかもしれない。トヨタはそれをわかっていて、見切っていたのだ。このあたりの見切りは、当時から見事だったのである。

70年の春にカローラは2代目に進化する。初代のモデルサイクルは3年半と短かったが、その年の初頭に行われたライバルのサニーのフルモデルチェンジに合わせこんできたのだろう。

その2代目サニーは、誕生以来カローラにこてんぱんにやられてきた積年の怨みを晴らすかのように、

トヨタ・カローラ（KE20） 1970年

「隣のクルマが小さく見える」という挑戦的な宣伝コピーを掲げた。しかし2代目カローラはその売られたケンカを買わなかった。もはやサニーなど眼中にないといわんばかりの、王者の余裕といったところか。

とはいえ、そこは抜け目のないトヨタである。スルリとかわされ拍子抜けしていたであろう日産を尻目に、秋には1400シリーズを出してきた。年末にデビューすることになるカリーナ／セリカ用に開発された1・4ℓのT型エンジンを、ひと足先にカローラに搭載したのである。

「パッション・エンジン」と名付けられた1・4ℓのT型エンジンは、OHVながらクロスフローのヘミヘッドという設計だった。50年代にクライスラーが高性能ユニットとして売り出したことで知られる形式だが、トヨタは67年に出たセンチュリー用のV8で採用していた。T型はその技術を応用したのだ。

そのT型をベースに、ヤマハ発動機がDOHC化したのが2T‐G型。セリカ／カリーナ1600GTに積まれていたこの高性能ユニットを、カローラおよび双子車

トヨタ・カローラ・レビン（TE27） 1972年

であるスプリンターのクーペボディにブチ込んだのが、型式名TE27ことカローラ・レビン／スプリンター・トレノである。

これができた経緯がおもしろい。現在、トヨタ系のボディメーカーであるトヨタ車体の代表取締役を務める久保地理介さんという人が、トヨタの若手エンジニアだった時代に提案して生まれたものなのだ。久保地さんは東大卒の優秀なエンジニアだったが、ラリーが大好きで、めっぽう運転が上手かった。カローラに2T-Gを積めば強力なラリーカーができるという、彼の突飛ともいえるアイディアを、当時の上司で後に副社長を務めた佐々木紫郎さんが認め、製品化にこぎ着けたのである。

そういう背景から生まれただけあって、27（ニイナナ）レビン／トレノは、トヨタの中にあって異質な、走りに徹したクルマだった。光り物がすべて外され、オーバーフェンダーを装着したボディはなかなか精悍だったし、ラジオや時計などを取り払ったいっぽうで、油圧および油温計、そしてフットレストを装着した黒一色の室内はきわめてスパルタンだった。

走りもその姿にふさわしいインパクトがあった。車重がセリカ1600GTより100kg近く軽いうえに、ラリーに備えてギアリングも低められていたから、加速は強烈そのもの。遮音材などないに等しかったから室内はやかましかったが、運転していてじつに楽しかった。ベストセラーではあったものの、平凡な大衆車に過ぎなかったカローラを、エンスージアストをも唸らせるマシンに変貌させる。27レビン／トレノは、トヨタの懐の深さを感じさせたクルマでもあった。

トヨタ2000GT

名車説には疑問あり

トヨタ2000GTといえば、世間では「日本の名車」の代表格ということになっているようだ。だが、僕はこの説に同意しかねる。同じトヨタが1960年代に作ったスポーツカーなら、ヨタハチことトヨタスポーツ800のほうがずっといいと思う。なんとなれば、2000GTにはオリジナリティが希薄に感じられるからだ。少しクルマに詳しい人間ならわかると思うが、2000GTの全体的なコンセプトとプロポーションはジャガーEタイプに、そしてシャシー設計はロータス・エランに倣っているのである。

2000GTはトヨタとヤマハ発動機が共同開発したクルマだ。それに先立ち、ヤマハは日産と業務提携してスポーツカーを作っていた。直4DOHC2ℓエンジンを積んだ、2座のクローズドクーペである。ところが両社の関係が悪化してプロジェクトは頓挫、ヤマハはトヨタに乗り換えたというわけだ。スポーツカーの開発を目論んでいたものの、経験のなかったトヨタとしてもヤマハのオファーは渡りに船だったようで、両社による2000GTの共同開発が始まったのである。

トヨタ2000GT（MF10） 1967年

　プロトタイプがデビューしたのは、65年の東京モーターショー。前述したとおりシャシーはロータス・エランそっくりの箱形断面のＸ型フレームに、日本初の４輪ダブルウィッシュボーンのサスペンションと４輪ディスクブレーキを備えていた。エンジンはクラウン用の直６ＳＯＨＣ２ℓのＭ型をベースに、ヤマハがＤＯＨＣにモディファイした３Ｍ型。ミクニ製のツインチョーク・ソレックスを３連装するなどして１５０psまでチューンされていたが、レーシングプロトタイプであるプリンスＲ３８０を除けば、直６ツインカムというのも日本初だった。全高わずか１１６０㎜という２座クローズド・クーペのスタイリングは、アメリカのアートセンターに学んだトヨタの社内デザイナーが手がけたもので、特徴的なリトラクタブルライトも、これまた日本初だった。

　翌66年春、オープン間もない富士スピードウェイで開かれた第３回日本グランプリに、トヨタは２台の２０００ＧＴを出場させた。このレースの主役であるプリンスＲ３８０とポルシェ・カレラ６は、ミドシップの純レーシングカー。対して２０００ＧＴはその名のとおり市販を前提としたフロントエンジンのグランツーリズモである。レース仕様はアルミボディで軽量化が図られていたとはいえ、勝ち目はない。トヨタとしても高速耐久性のテストという名目で参加したのだが、長らくトヨタワークスのキャプテンを務めた細谷四方洋さんの採った無給油作戦が功を奏して、2台のR380に次ぐ3位に入賞した。

同年秋に谷田部の自動車高速試験場で実施された国際記録樹立のためのスピードトライアルなどを経て熟成を進め、翌67年春に市販が開始された。市販型の生産を担当したのもヤマハ発動機だった。

数多くの「日本初」でもわかるとおり、2000GTは当時の日本車としては異例に凝った設計だった。238万円という価格は当時のクラウンの高級グレードの倍以上だったが、ほとんど手作りだったから、それでも赤字だったに違いない。トヨタは専門の営業マンを用意して、大事に売ったのだった。

この時代に自分たちの考え得る最高のGTを作ろうと考え、金に糸目をつけず実践したことは評価すべきだと思う。しかし、肝心のクルマの出来がよくなかった。低速ではもちろん、高速になってもやたらとステアリングが重く、ギアシフトも重くて、スポーツドライビングどころではなかった。おまけに通風が悪く、エキゾーストパイプがシートの真下を通っているので、暑くてかなわなかったという記憶がある。

2000GTは69年にヘッドライトまわりを改め、安全対策を充実させるなどのマイナーチェンジを受けて後期型となった。この時に3段トヨグライド（AT）仕様とクーラー付きが加えられたが、方向性としては正しかったと思う。

そもそもリトラクタブルライトを採用したのは、ヘッドライトの高さが路面から600㎜以上というカリフォルニア州の法規に適合させるためだった。つまり開発段階から対米輸出を計画していたわけで、となればATやクーラーがあるとないでは話が違ってくる。

映画『007は二度死ぬ』に、急造されたオープン仕様が登場したのも（英国諜報部がボンドに与えたクルマではないので、正式なボンドカーではないが）、海外での知名度アップを狙ってのことだろう。また、当時トヨタと親交のあった、ACコブラの生みの親として有名なキャロル・シェルビーの手に委ね、彼のチームからSCCA（スポーツカー・クラブ・オブ・アメリカ）のスポーツカーレースに参戦したりもした。しかし、結果的には70年までの生産台数は337台にすぎず、うち輸出されたのは100台ほどしかない。最大の問題だった生産コストを抑えるため、2・3ℓのSOHCエンジンを積んだ廉価版も企画されたそうだが、市販化には至らなかった。

今もときどき、ミュージアムなどでトヨタ2000GTを見かける機会がある。そのたびに、エンジンが後の初代ソアラに積まれていた2・8ℓぐらいのキャパシティがあったらよかったのにと思う。そうすればATも、パワステも、エアコンも備えられたろうに……だが、それではますますコストが高くなってしまうわけで、結局はあり得ない話なのだが。

コロナ・マークⅡ

トヨタ初のアッパーミドル

1964年秋にデビューした3代目RT40コロナがモデルサイクル末期に入った68年春、トヨタの直4としては初めてSOHCを採用した1・6ℓエンジン搭載モデルが、「ゴールデンシリーズ」の名で追加された。

同じSOHCでも、クラウンに搭載されていた直6のM型はクロスフロー、ヘミヘッドの高級な設計だったが、7R型と呼ばれるこちらは日産のL型などと同じターンフロー。トヨタの屋台骨を支える量販車種だけに、生産性とコストを重視した結果だろう。

万事慎重を期するトヨタのこと、数カ月後に4年のインターバルを経て登場するであろう新型コロナ用エンジンを先行デビューさせた、とこの時点では考えられていた。

秋になり、そのエンジンを搭載したニューモデルが発表されたが、それは予想された新型コロナではなかった。「コロナから生まれた理想のコロナ」と謳った新型の名は、コロナ・マークⅡ（RT60／70）。従来のコロナとクラウンの間に位置するトヨタ初のアッパーミドルサルーンだった。

ひとまわり大きくなったボディは、スラントしたノーズなどにRT40のイメージを色濃く残していた。直4SOHCエンジン、前がダブル・ウイッシュボーン／コイル、後ろがリーフリジッドというサスペンションも従来どおりだった。要するにマークⅡは、RT40系を拡大コピーし、アップデートしたクルマだったのである。

マークⅡが第一のターゲットと定めたのは、その年の春に発売された日産のローレル。「ハイオーナーセダン」を標榜したローレルは1800ccだったが、マークⅡはコロナから受け継いだ1600とそれを拡大した1900で挟み撃ちにした。

1900といっても正確には1858ccで、ローレルは1815cc。四捨五入したと言われればそれまでだが、実際の排気量差は43ccしかないのに、初代カローラ以来の得意技（？）である「プラス100ccの余裕」があるように見せる。トヨタの演出はしたたかだった。

加えて4ドアセダンしかなかったローレルに対して、マークⅡは乗用車だけでもセダン、2ドアハードトップ、ワゴンの3種類。成り立ちは平凡でもバリエーションの多さと豊富なアクセサリーを武器に、和

トヨペット・コロナ・マークⅡ（RT60） 1968年

製ＢＭＷと呼ばれた高級なメカニズムを持つローレルを包囲したのである。

　そのいっぽうでマークⅡの下級グレードは、ローレルの弟分である５１０ブルーバードの上級グレードを相手に、５１０より大きなボディと割安な価格でもって戦った。さらにブルーバードの下級グレードには、車種整理して大幅値下げしたＲＴ40コロナをぶつけるという戦法だった。

　コロナおよび同マークⅡに対して、ブルーバード・ローレル連合軍は善戦した。日産サイドにクラスがオーバーラップするスカイラインを加えれば、むしろトヨタより優勢だった。

　しかし4輪独立懸架だのヘミヘッドのエンジンだのといった先進のメカニズムを持つ日産車の開発費と製造コストを考えたら、トヨタのほうが利益率ははるかに高かったろう。そして何を隠そうこの僕も、トヨタの利益にささやかな貢献をした一人なのだ。

　当時、僕は中古で買ったローバー２０００というイギリスのアッパーミドルサルーンに乗っていた。スモール・

ロールス・ロイスと呼ばれた高品質と凝ったメカニズムを誇るモデルで、総革張りのインテリアの雰囲気と乗り心地が抜群によかった。

大いに気に入って乗っていたのだが、女房が急に運転したいと言い出し、しかもローバーはクラッチが重いからイヤだというのだ。それでもう1台ということになり、真っ赤なマークⅡ１９００ハードトップのトヨグライド（３段ＡＴ）仕様を買ってしまったのである。

ローレルでなくマークⅡを選んだ理由は女房の好みが第一だが、マークⅡの内装のほうが見栄えがしたこと、シートに高さ調整機能が付いていたことも魅力だった。なんのことはない、さんざん偉そうなことを言っておきながら、トヨタ商法にコロッとだまされてしまったのである。

もうひとつ言い訳をさせてもらうと、トヨタ車としてはクラウン以外に初めて搭載された３段トヨグライド（ＡＴ）にも興味があった。マークⅡでも１６００は2段ＡＴしかなく、さすがにこれには乗る気がしなかったが、自動車評論家のはしくれとして国産ＡＴの出来を知っておきたかったのだ。

マークⅡを買って少し経つと、2台所有するのはもったいないということになり、泣く泣くローバーを手放した。ファーストカーとなったマークⅡに2年ほどの間ガンガン乗ったが、結論からいえばノントラブルで、足として使うにはいいクルマだった。

とはいえエンジンはガシャガシャとやかましくなってしまったし、その頃のトヨタ車の常でステアリングは甘く、ハンドリングなど語れるレベルではなかった。ローバーから乗り換えると、乗り心地はまるでトラックのように感じた。同時期に社用車として乗っていた５１０ブルーバードのＳＳＳと比べても、ハードウェアの出来は５１０のほうがはるかに上だった。

マークⅡを選んだ理由のひとつであるＡＴは、まったく問題なかった。2レンジはエンジンブレーキが

トヨペット・コロナ・マークⅡ（RX/MX10） 1972年

よく効いて使いやすく、初期のトヨグライドのような唸り音もなく、国産ATに対する不安は払拭された。あとから聞いた話では、当時のトヨグライドの品質にはバラつきがあり、早々にトラブルを起してしまうものもあったという。

しかしトヨタはATに関しては保証期間が過ぎていても無償で修理したそうだ。イージードライブ時代の到来を確信し、推進したトヨタはそうやって顧客の信頼を得ると同時に貴重なデータを蓄積していったのだ。

最近ではハイブリッドがいい例だが、これと思ったことは少々のことではあきらめず、投資を惜しまない。そして花を咲かせる。トヨタのこうした部分は、ほんとうにすごいと思う。

72年初頭、誕生からわずか3年3カ月という短いサイクルでマークⅡはフルモデルチェンジした。およそ半年前にデビューしたローレルよりも早い世代交代で、ライバルに先手を打ったのである。

2代目は正式車名こそ相変わらずコロナ・マークⅡだったが、エンジンなど共通部品こそあるものの、コロ

トヨペット・コロナ・マークII（RX/MX30） 1976年

ナから独立した車種として設計されていた。クラウン用の直6SOHC2ℓエンジン搭載車をラインナップに加え、リアサスペンションもリジッドながらクラウンやセリカ／カリーナ用に似た4リンク／コイルに換えたことが目新しかった。

数カ月後に2代目に進化するライバルのローレルも直6エンジン搭載車を加えるが、これはユーザーの上級移行を受け止めると同時に、直6を積んで人気を博していたスカイライン2000GT対策でもあった。

ひとまわり大きくなったボディは、アメリカンな雰囲気のセミファストバック。おもしろいことにマークII、ローレル、そしてスカイラインと揃って当時のアメリカ車、それもプリマスやダッジなどクライスラー系の影響を感じさせるスタイリングを持っていた。マークIIハードトップのマスクなど、プリマス・バラクーダにそっくりだった。

この2代目から、アメリカ車でいえばフルサイズのクラウンに対して、マークIIはインターミディエートという格付けがはっきりとなされたが、76年に出た3代目では、単純なボディサイズではクラウンに迫るまでに成長していた。

時代の流れでスタイリングはオーソドックスな3ボックスに戻ったが、ジャガーXJを2つ目にしたような顔つきが印象的だった。車名に続いてついにマスクまでパクったか、と苦笑いしたものである。

特筆すべきは、上級グレードのリアサスペンションがようやくセミトレーリングアーム／コイルの独立となったこと。トヨタの量産車としては初めて4輪独立懸架を採用したのだ。その頃この面では10年近く先んじていた日産は、せっかく4独を使ってもユーザーには良さが伝わらなかったとして、下級グレードの後輪をコストの安いリジッドに戻していたのだから、皮肉なものである。

「マークⅡ・5人の会」というスローガンを掲げた広告も記憶に残っている。クルマに詳しい5人の男が、毎回、乗り心地やスタイリングといったひとつのテーマについて語っていくというストーリー仕立ての、いっぷう変わった広告だった。

おそらく「愛のスカイライン」「ケンとメリーのスカイライン」と、立て続けに広告キャンペーンでも当てたスカイラインを意識しての戦略だったのだろう。この広告自体は悪くなかったが、この頃から広告代理店の主導による小賢しい広告が目に付き出したのも事実である。

「5人の会」に対して、この代から加えられた販売店違いの双子車であるチェイサーの広告は、若き日の草刈正雄をイメージキャラクターに起用。テレビCMでは彼の駆るチェイサーがサンフランシスコの街をカッ飛んでいた。

スカイライン・イーターとして、マークⅡより若向けでスポーティという役回りが与えられていたのだ。しかし、実際にスカイラインを食えるようになったのは、3番目の兄弟となるクレスタを加えた次世代モデルからだった。

カリーナ

都会派のミディアムセダン

1970年、「気になる男の気になるクルマ」というキャッチフレーズを掲げて、フロアユニットを共用するセリカと同時にデビューしたカリーナ。トヨタのピラミッドの中でカローラとコロナの中間に位置する2／4ドアセダンだが、内容や価格はそれら既存モデルと微妙にオーバーラップしていた。

とくにコロナとはボディサイズも非常に近かったが、ブルーバードと並ぶ日本のファミリーセダンの草分け的存在であるコロナは、いってみれば旧来の保守的なオーナー向けのモデル。対してカリーナはそれより若いターゲットに向けられており、スポーティなキャラクターを与えられていた。また、当初は4ナンバーの商用バンを持たなかったことでも、既存のトヨタ車とは一線を画していた。

カリーナの出現によって、価格帯が重なるコロナやカローラの販売に影響が出ることは避けられない。だがトヨタはそんなことは百も承知で、異なる販売店系列での競合によって全体的な売上げ増加を狙う確信犯だったのだ。

先ほども記したとおり、初代カリーナはスポーティなイメージが売りだったが、その決め手となったのが5段ギアボックスだった。世界一のAT王国となった今では、マニュアルギアボックス自体が希少な存在だが、カリーナが登場したおよそ40年前といえば、まだまだMTが圧倒的に多数を占めていた。

しかし5MTとなると、一部のスポーツカーにしか装備されない高級なメカニズムだった。カリーナ／セリカが登場した時点における日本車でいえば、コロナ・マークⅡGSS、スカイライン2000GT-R、フェアレディZ432、ギャランGTO-MR、マツダ・コスモスポーツくらいのものだ。ロータリー

トヨタ・カリーナ（TA10） 1970年

のコスモを除いては、いずれもやはり希少だったDOHCエンジン搭載車である。

その5MTを、なんとカリーナはタコメーターも付かないファミリーグレードの「1600デラックス」にまで選択可能としたのである。これには驚いた。

もっとも5MT自体は既存の4MTに高速巡航用のオーバートップの5速ギアを加えただけで、とくにスポーティではなかった。しかし初代カローラのフロアシフトと同様、当時の一般ユーザーにとっては「5段」というだけでまぶしく、ありがたかったのだ。

もちろんトヨタは確信犯だから、5MTのシフトパターンが刻まれたシフトノブを広告にフィーチャーするなどしてユーザーを煽った。何度も繰り返すが、こういうときのトヨタのやり方は憎いくらいにうまい。

このカリーナとその姉妹車であるセリカを手始めに5MT搭載車種を拡大していくのだが、カローラに導入する際のテレビCMでは「少々腕が要るカローラ5段」と謳っていた。ちょっとクルマ好きで、運転にも自信があるつもりのユーザーなど、自尊心をくすぐられてコロッとだまされてしまいそうな宣伝文句ではないか。

それはともかく、カリーナ／セリカをきっかけに、トヨタのみならず他社も5MTをラインナップするようになっていく。

初代カリーナがデビューした際のトップグレードは、OHV1・6ℓツインキャブの2T‐B型エンジンを積んだ1600STだった。だが翌71年にはセリカ1600GT用のDOHCの2T‐Gを移植した1600GTがカリーナにも加えられたのだ。

トヨタのセダンとしては都会的な雰囲気だったカリーナにパンチを加えたこれは、「羊の皮を被った狼」という言葉が似合う好ましいスポーツセダンで、クルマ好きの間でいつしか「和製アルファ」と呼ばれるようになった。

アルファとはボクシーなセダンのジュリアTIあたりのことだが、コンペティションベースの別格であるスカイライン2000GT‐Rを除けば、カリーナ1600GTは日本で初めてツインカムエンジンを積んだセダンだったのである。

セリカ

日本初のスペシャルティカー

1980年代初頭、破産寸前のクライスラーを立て直し、米国ビジネス界の立志伝中の人物となったリー・アイカコッカ。彼がフォード在籍時に企画し、ヒットさせたモデルが1964年にデビューしたフォード・マスタングだ。

トヨタ・セリカ（TA20） 1970年

市場が求めているクルマとは？ 60年に36歳という異例の若さでフォードの副社長に抜擢されたアイカコッカが、綿密なマーケティングの結果辿り着いた回答は「スタイリッシュながら実用性は損なわず、低価格のコンパクトカー」だった。

そのコンセプトを具体化したのがマスタングである。当時、フォードでもっとも安いセダンだったファルコンのシャシーに、ロングノーズ、ショートデッキのスポーティなボディを載せたのである。

アイアコッカの目論見はズバリ的中し、マスタングは発売から2年で100万台以上を売り、11億ドルもの純益をもたらすというビッグヒットとなった。

パッと見はスポーツカーだが、中身は平凡な実用車。つまりは見掛け倒しだが、マスタングの成功によって、以後この種のクルマは「スペシャルティカー」と呼ばれる新たなカテゴリーを形成した。

マスタングから数年後、フォードはヨーロッパでも同様の手法でカプリを作り、こちらもヒットした。これら一連のフォードの動きを見たトヨタが、その成功にあやかるべくそっくり翻訳した日本初のスペシャルティカーが、1970年に登場したセリカである。

ひとつだけ異なるのは、セリカはベースカーに既存のモデルを使わずに同時に開発したことだ。セリカは揃ってデビューした、カローラとコロナの中間に位置する2／4ドアセダンであるカリーナと共通のフロアパン、メカニカルコンポーネンツに、スタイリッシュな2ドアハードトップボディを着せていたのだ。外装、内装、エンジン、ギアボックス、その他豊富なオプションをリストのなかから選択し、自分好みのモデルを仕立てることができる「フルチョイスシステム」と呼ばれた販売方法もまた、マスタングに倣ったものだった。ただし2T‐Gという型式名のDOHCエンジンを積んだトップグレードの1600GTだけはレディメードだった。

セリカのスタイリングには、同時代のプリマスやダッジなどクライスラー系のハイパフォーマンスモデルを縮小したような印象を受けた。とはいえ登場時期から考えて後追いとは言い切れなかったし、うまくまとめられていた。早い話が、かなりカッコよかった。

もっとも73年に追加されたリフトバックは、明らかにマスタング・ファストバックの焼き直しだった。まあ、テールゲートを備えていたところはマスタングより新しかったが。

トヨタ2000GT以来のトヨタ・ツインカムの伝統に従ってヤマハが開発した2T‐Gは、後にヨーロッパでF3エンジンのベースとなった実績を持つ、なかなか素性のいいエンジンだった。額面上のパワーはリフトバックと同時に追加された2000GT用の18R‐Gのほうが勝っていたが、レスポンスやスムーズさでは明らかに2T‐Gに軍配が上がった。

この2T‐Gを積んだ1600GTの価格は87万5000円。ひとつ上級のスカイラインGTとほぼ同じだったが、ツインカムの威光が今とは比較にならないほど強かった当時としては、破格のバーゲンプライスだった。

なんとなれば、セリカと同じ1・6ℓのDOHCエンジンを積んだベレットGTRやギャランGTO-MRは110万円以上していたのだから。しかもセリカはライバルにはオプション設定すらされていない、パワーウィンドウなどのアクセサリーまで標準で備えていたのである。

とはいえ、1・6ℓとしては高額であったことには変わりなく、売れ筋はひとつ下のグレード、OHVツインキャブの2T-B型エンジンを積んだ1600STだった。かくいう僕も1600GTには手が届かずSTを買ったクチなのだが、スペシャルティカーの名にふさわしいのはこちらだったのではないかと思う。けっして負け惜しみではなく。

2章 日産編

オースチン

戦後日産車の師

小型車の「ダットサン」を擁し、戦前の日本では唯一の量産乗用車メーカーだった日産。戦後も数年間はGHQ（連合軍総司令部）による乗用車の生産制限もあって、戦前型を焼き直したモデルを細々と作っていた。生産制限は1949年に撤廃されたが、いざ新たなモデルを作ろうにも、日産には開発する力がなかった。戦争による10年以上の技術的空白は想像以上に大きかったのである。日産はその問題の解決を海外メーカーとの技術提携に求めた。時を同じくして、それまで大型車の経験しかなかったいすゞと日野が乗用車生産に進出するにあたり、それぞれ英国ルーツ・グループと仏ルノー公団と技術提携を結んだ。

日産が提携先に選んだのは、英国のオースチン。1905年創立という老舗で、22年に発表した傑作小型車オースチン・セブンでその名を世界中に轟かせた。戦後は堅実な中・小型セダンを中心にラインナップしていた。日産はこのオースチンと52年に提携を締結し、翌53年からA40サマーセットサルーンのノックダウン組立を開始した。A40は直4OHV1・2ℓエンジンを積んだ、クラシックなスタイルの4ドアセダンだったが、翌54年暮には本国のモデルチェンジに合わせてA50ケンブリッジに切り替えた。

A50のスタイリングはA40に比べ大幅に近代化されていたが、最大の特徴はボディ構造がモノコックと

オースチンA50ケンブリッジ（A50）　1955年

なったことだった。セパレートフレーム式に比べ、軽量で剛性も高く、生産性の面でも有利なモノコックは、1920年代にランチアが初めて導入。戦後になるとヨーロッパでは続々と採用する車種が拡大していたが、国産車では皆無だった。

エンジンは新設計の直4OHV1・5ℓを搭載。このエンジンはBMC Bタイプと呼ばれ、MGAやMGBをはじめ、改良を加えられながらBMC（オースチンが属していたブリティッシュ・モーター・コーポレーション、後のBLMC、BL）系の中型車に長く使われることとなった。

排気量が小型車規格いっぱいの1・5ℓだったこともあり、ボディはやや小ぶりではあるものの、ひと足遅れで誕生するトヨタのクラウンのライバルという位置づけだった。ただし117万円という価格は101万4000円のクラウンより高価だった。しかし両車を乗り比べてみれば、それも納得できた。国産最新鋭のクラウンでも、ヨーロッパ車としてはごくオーソドックスな成り立ちのA50に性能では太刀打ちできなかったからだ。エンジンの出力は額面ではほぼ同じだったものの、車重はおよそ200kgも違ったからである。ハンドリングなどは、およそ比較にならなかった。

当初はノックダウンから始まったA50も、次第に部品の国産化を進め、57年の夏には100%国産化を達成した。いっぽうでは日本市場に合わせたローカライズも施された。タクシー需要にも対応できるよう、フロントシートをセパレートからベンチに替え、ステアリングホイールを小径化して乗車定員を無理やり5人から6人に変更したり、本国版にはない商用バンをラインナップに加えたりといった具合である。

しかし、基本的にはA50はオーナーカーだった。オーナーはもっぱら裕福な医者や地方の素封家などで、中古車の買い手もクルマ好きが多かった。数こそ多くはなかったが、オースチンと同じBMCが作ったスポーツカーのMGAやスポーツサルーンのMGマグネットなどのパーツを流用してチューンアップするマニアさえ存在していた。同じくライセンス生産されたいすゞのヒルマン・ミンクスや日野のルノー4CVと並んで、当時の日本では数少ないエンスージアスト向けのクルマだったのである。

オースチンとの技術提携から日産が得たものの大きさは、計り知れない。提携後の乗用車作りはすべてオースチンが基準となった。かつてのキャッチフレーズ「技術の日産」の基礎は、すべてオースチンから学んだと言っても過言ではないと思う。日産にとって、オースチンは偉大な「師」だったのだ。

ダットサン

戦前からの定番小型車

戦前からの歴史を持つ小型車の「ダットサン」。戦後は1947年から戦前型をベースとするモデルを

ダットサン・セダン（113） 1956年

作っていた。まえがきでも記したように、僕の最初の愛車も、52年式ＤＢ‐２というポンコツの戦後型ダットサンだった。

55年にダットサンはシャシーとボディを一新した１１０型を登場させた。この年には初代クラウンもデビューしているが、１１０型はオースチンの国産化によって力をつけた日産の、初の本格的な戦後型にして量産車となる意欲作だった。シャシーは従来どおりトラックと共用のため、前後リジッドアクスルだったが、余分な装飾のないシンプルな箱形のスタイリングが好ましかった。手がけたのは、当時日産の造形課に在籍していたデザイナーの佐藤章蔵さんで、彼は改良版の１１２によって毎日工業デザイン賞を受けた。

佐藤さんが後に関東自工でトヨタ・スポーツ８００をデザインしたことは前述したが、彼には自動車史家としての顔もあった。60年代、『カーグラフィック』誌に「イミターチォ・セシリ」のペンネームで、「ヴィンテジ・カー見聞録」を執筆。70年代には限定８００部で定価６万５０００円という豪華本『クラシックカー

１９１９‐１９４０』も出している。

話を１１０に戻すと、エンジンこそ戦前からの直4サイドバルブ８６０㏄だったが、４段ギアボックスは新設計で2速以上にシンクロメッシュが与えられていた。当初はフロアシフトだったが、56年にはコラムシフトに変更された。

57年、１１０は新設計のＯＨＶ１ℓエンジン、曲面ガラスを採用したウインドシールドなどで大幅なアップデートを果たした２１０型に発展する。ＯＨＶエンジンはオースチンをお手本に作られたC型だが、通称は「ストーン・エンジン」。その呼び名は、当時日産がデトロイトの手法を学ぶために技術顧問として招聘していた、元アメリカン・モータースのドナルド・ストーンという技師に由来している。

C型を作る前に、日産ではまったく新しい独自の１ℓエンジン開発を企画していた。ところがストーン技師が「せっかくオースチン用エンジンの生産設備があるのに、そんな無駄な投資はやめろ」と猛反対したのだという。彼が言うには、オースチン用１･５ℓのストロークを30㎜詰めれば１ℓエンジンができる。そうすればボアピッチからヘッドボルトの位置まですべて同じだから、同じラインで2種のエンジンが作れるという、なんとも明快で合理的な理屈である。

ストーン技師の指導の下に作られたC型エンジンは、すばらしかった。実家のタクシー屋にもライトブルーの２１０を入れたのだが、エンジンに力があり、４段ギアボックスのサードで80㎞／ｈから１００㎞／ｈ近くまで出た。ステアリングもしっかりしており、僕はクラウンよりはるかに好きだった。

まだ本物のスポーツカーに乗ったことのない僕にとっては、２１０はまるでスポーツカーだった。そして、このエンジンは外国車並みではないかと思わせた。もっともC型はオースチンのエンジンがベースなのだから、これはあながち間違いでもないのだが。

総合的に見て、110～210は簡潔なデザインの中に、抜群の耐久性と満足すべき性能を両立させた、当時の日本の国情にマッチした小型車だった。タクシーに大量に採用され、戦前からの「小型車はダットサン」の定評をさらに強固にしたのである。そうそう、210といえば忘れてはいけないのが、58年のオーストラリア一周ラリーでの活躍だ。初出場ながら見事クラス優勝を遂げた勝因は、要約すれば210の頑丈さと特攻隊さながらのドライバーの根性だったそうだが、これを機に日産は海外進出を企てていく。

ブルーバード

オーナードライバー時代を切り開く

1959年、日産はダットサン211（210の改良型）をフルモデルチェンジし、新たにダットサン・ブルーバードと命名した。型式名は310だから110～210の流れにあることは間違いないが、シャシーは乗用車専用設計となり、ようやく前輪にダブルウィッシュボーン／コイルの独立懸架が与えられた。ボディはまだモノコックではなかったが、従来よりも薄く軽くなったフレームがビルトインされた、セミモノコック式とでもいうものだ。スタイリングは引き続き佐藤章蔵さんが担当した。

エンジンは210以来のストーン・エンジンこと直4OHV1ℓのC型に加え、そのストロークを伸ばした1.2ℓのE型をラインナップ。ギアボックスは従来の4段から3段となった。アメリカ的なイージードライブの思想を受け継いだ、トヨタのクラウンやコロナに倣ったと思われるが、僕のようなクルマ好きとしてはちょっと残念な変更だった。

不思議なことに、翌60年にオースチンA50の後継モデルとして誕生したセドリックは、4段のままだっ

ダットサン・ブルーバード（310） 1959年

た。ブルーバードより上級でエンジンに余裕があり、変速段数は少なくてもいいはずなのに、である。しかし、このセドリックの4段はタクシーの運転手に「ギアチェンジが面倒くさい」と嫌われ、後に3段に改めたことを考えると、当時の日本ではブルーバードのほうが正解だったのだろう。

学生時代、友人のお兄さんがこの310ブルーバードを持っていて、頼むと快く貸してくれた。じつにありがたかったのだが、彼が住んでいたのは小田原だった。したがってそこまで鈍行列車でトコトコ行っては、クルマを借りたのである。行けば夕方まで一日貸してくれたので、決まって箱根にドライブに行った。当時はまだ箱根新道がなく、走るのはもっぱら旧道だったが、2速で60〜70㎞／hで坂を上れたから、3段ギアボックスでもさほど痛痒は感じなかった。ただしブレーキはダメだった。310に限らず、その頃の日本車に共通する弱点なのだが、下りでフットブレーキが本来の威力を発揮するのは一発目だけ。それで早くもフェードの兆候が出始め、二発目はもう頼りにならなかった。

箱根に行くと、たいてい富士屋ホテル近辺の食堂で昼飯をとった。食べるものといえば、せいぜいカツ丼とか親子丼だったが、いつかは富士屋ホテルで名物のカレーライスを食べたいと思っていた。いまでも箱根にいくと、その頃のことを思い出す。それにしても、たかがクルマ、それもブルーバードごときに乗るために、わざわざ東京から小田原まで行くなんて、いまの人には考えられないだろう。しかし、当時のブルーバードの新車価格は70万円以上。いっぽう大卒初任給は約1万2000円。給料を5年間全額貯金して、やっと買えるかどうかという高額商品だったのだ。

なによりその頃の僕は、クルマを運転していれば幸せだった。アルバイトでトラックを転がすことさえ楽しかったのだから、新車のブルーバードで箱根を思いきりドライブする喜びに比べたら、鈍行列車での小田原往復などなんでもなかったのである。

それまでのダットサンとは比較にならないほど「乗用車」として進化した310ブルーバードは、発売と同時にベストセラーとなった。営業車としてはもちろん、自家用車としてもよく売れた。俗にいう「マイカー元年」とは、サニー、カローラが登場した1966年を指すが、それから遡ること7年、オーナードライバー時代を切り開いたのは、間違いなくこの310ブルーバードだった。

その証拠に、310はオーナードライバー向けのバリエーション展開も始めている。デビューの翌60年には、まずエステートワゴンが登場した。ダットサンは昭和20年代の手作りボディの時代からワゴンをラインナップしていたが、310のそれは日本車としては初の量産5ナンバーワゴンだった。本腰を入れ始めた対米輸出を主眼に開発されたモデルだが、後に登場する国産ワゴンの多くが4ナンバーの商用バンとボディを共用していたのに対し、乗用ワゴン専用ボディを持っていた。

さらに61年には、ファンシー・デラックスと名乗る日本初の女性仕様車を追加する。ボディは淡いベージュとアイボリーという微妙な色合いのツートーン。アイボリーで統一されたインテリアには、化粧品入れ、ハイヒールスタンド、カーテンなど36種もの専用アクセサリーが備えられ、ウインカーの作動音はオルゴールという凝りようだった。

運転免許を保有している女性がまだ珍しかった時代の話である。その中で、男性でも少なかったオーナードライバーとなれば、それこそたかがしれていただろう。ひとりよがりと言ってしまえばそれまでだが、いすゞと並んで都会的なセンスを持つ数少ないメーカーだった日産ならではの企画だったのである。

誕生から4年経った1963年、ブルーバードは初のフルモデルチェンジを迎え、2代目410型となる。後から思えば、かつて日本車の標準とされていた4年というモデルチェンジのサイクルを実施した最初の例がこれだった。410の最大の話題は、モノコック化されたボディのスタイリングを、イタリアの名門カロッツェリアであるピニンファリーナが担当したことだった。

国産メーカーとイタリアのカロッツェリアの関係は、1960年のトリノショーに出展された、ミケロッティ作のプリンス・スカイラインスポーツに始まる。それを皮切りに60年代半ばにかけて、ダイハツがヴィニャーレ、マツダがベルトーネ、日野がミケロッティ、いすゞがギアといった具合に、トヨタを除く多くのメーカーがこぞって「トリノ詣で」を行ったのである。

日産が選んだのは、最大手だったピニンファリーナ。当時ピニンファリーナは一国一社主義、すなわちイギリスはBMC、フランスはプジョー、ドイツはメルセデス、アメリカはGMといった具合に、国ごとにひとつのメーカーとだけコンサルタント契約を結んでいた。歴史、実績、規模に加えて、そうした企業ポリシー。いずれをとっても、ピニンファリーナは誇り高き日本のトップメーカーだった日産を満足させるパートナーだったのだろう。もっとも、それゆえに契約料も高額だったはずである。

ダットサン・ブルーバード（410） 1963年

そうして手に入れた名門のデザインにもかかわらず、なぜか日産はピニンファリーナの関与を伏せた。当時、自動車専門誌にポツポツと署名原稿を書き始めていた僕は、日産の広報課長から「ピニンファリーナと書いたら承知しない」と脅された記憶がある。

しかし、日産の方針がどうであろうと、多少カーデザインに詳しい者が見れば、ピニンファリーナの作品であることは明白だった。

聞くところによれば、ピニンファリーナのオリジナルは生産型より車幅が5㎝ほど広かったという。しかし生産型では、当時の小型タクシー規格である全長4ｍ、全幅1・5ｍに収めるために狭められていた。

また道路事情からロードクリアランスを大きくとらねばならず、さらにタイヤチェーンを巻いてもフェンダーに当たらないよう、ホイールアーチとタイヤの間に一定の間隔を開けなければならないなどさまざまな制約を受けて、さしものピニンファリーナとはいえども、やや腰高でずんぐりしたプロポーションとなってしまった。

それでも直線と曲線を巧みに融合したスタイリングは、ほかの日本車と比べたら群を抜いていた。しかし、日産の思惑に反して日本では受け入れられなかった。フロントからテールにかけて、なだらかな弧を描いて下がっていくサイドラインを評して、付けられたあだ名は「尻下がり」。翌64年に登場した3代目コロナとの、「BC戦争」と呼ばれた激しい販売合戦に際して、コロナ側から「尻が下がっているので、悪路で大きくボトムすると尻を打つ」と揶揄された、と言われているほどである。

メカニカルコンポーネンツに関しては、ほぼ先代310から受け継いでいた。パワートレーンは1ℓと1・2ℓの直4エンジンに、コラムシフトの3段フルシンクロ・ギアボックスの組み合わせである。ボディバリエーションも当初は先代と同じく4ドアセダンとエステートワゴンで、セダンには310の途中から加わったファンシー・デラックスも引き続き用意されていた。

翌64年春にはエンジンをSUツインキャブでチューンし、4段フロアシフトを備えたSS(スポーツ・セダン)を加える。前年に開かれた第1回日本グランプリによって、にわかに高まったスポーツドライビングへの関心に対応したものだが、ワゴンや女性仕様車に続いて、今度はスポーツセダンというジャンルに、またもや日産が先鞭をつけたのだ。

そして同年秋には、おそらく北米市場のリクエストに応えたと思われる2ドアセダンが追加された。本来はパーソナルムードが強い2ドアセダンだが、日本では「後席に乗せた子供を落とすことがない」という理由から、ファミリーカーとしても一時期注目を集めたのだった。

65年になると、1・2ℓエンジンを1・3ℓに拡大するとともに、フェアレディ1600やシルビアと同じSUツインキャブ仕様の1・6ℓエンジンを搭載したSSS(スーパー・スポーツ・セダン)までが加えられた。1600SSSの試乗会は、完成したばかりの茨城県谷田部の自動車高速試験場で行われた。

初めて体験する高速バンクをフルスロットルで飛ばしたところ、カタログデータの160㎞／hが出た。当時、高性能車のひとつの指標だった時速100マイルを、SSSはクリアしていたのである。

特筆すべきはポルシェタイプの強力なサーボシンクロが導入されていたことで、すばやいシフトをしてもギア鳴きするようなことはなかった。ただしブレーキは相変わらず4輪ドラムのままで、性能に対して大きく見劣りした。同時期にライバルのRT40コロナにも、「1600S」というスポーツセダンがラインナップされていた。エンジンはSUツインキャブ仕様のOHV1・6ℓで、最高出力もSSSと同じ90psと、スペック上はまったく互角だった。

しかし、実際に走らせてみると、SSSのほうがはるかにスポーティだった。やや小ぶりなボディ、より確実なハンドリング、そしてシャープに吹け上がる超オーバースクエアなエンジンとポルシェシンクロのギアボックスを備えたSSSは、コロナ1600Sより一枚も二枚も上手だった。それどころか、日産ワークスの大将だった愛称「タナケン」こと田中健二郎さんらの巧みなドライビングによって、ツーリングカーレースではひとクラス上のスカイライン2000GT‐Bを脅かすことさえあったのである。

そんな410ブルーバードだったが、肝心の販売成績は奮わず、ブルーバード誕生以来、いやそれ以前の210や110の時代から独占していたベストセラーの座を、宿敵コロナに奪われてしまう。敗因をピニンファリーナによる「尻下がり」のスタイリングにあると判断した日産は、マイナーチェンジの度にヒップアップ整形を施した。しかし、両車の差は縮まるどころか、逆にどんどん開いていった。かくして410は、希代の失敗作という烙印を押されてしまったのである。

1967年、ブルーバードは3代目510型となる。コロナから国内販売1位の座を奪還する使命を帯びた、まさに社運を懸けたフルモデルチェンジだった。三角窓を取り去った、スーパーソニックラインと

ダットサン・ブルーバード（510） 1967年

称する直線的でシャープなスタイリングには、先代410の面影はまったくない。

中身のほうも「ネジ1本まで新しい」と言われたように、410をはじめ既存の日産車からの流用部品は皆無に近かった。もはやオースチンの香りはなく、ゼロから開発されたその成り立ちは量産小型車としては国内ではもちろんのこと、世界レベルで見てもきわめて進歩的かつ高級なものだった。

周囲を見渡せば1930年代生まれのVWビートルがまだ市場で幅を利かせていた。そんな時代に510は5ベアリングのSOHCエンジンとBMWに範を取った前マクファーソン・ストラット、後ろセミトレーリングアームの4輪独立懸架を備えていたのである。ちなみにこのサスペンションの製品化にあたっては、旧プリンスの技術がモノを言ったという。

510が発売されてすぐに、僕は当時やっていたカーアクセサリー会社の社用車としてSSSを買ったが、走りは期待に違わなかった。

510は後に輸出先の北米で「プアマンズBMW

２００２」の異名をとったそうだが、量産小型車としては、その性能は世界のトップクラスにあったことは間違いない。

　５１０は目論見どおり好評を博し、発売翌年の68年にはモデルイヤーの末期に入ったＲＴ40コロナからベストセラーの座を奪い返した。するとコロナはフルモデルチェンジの噂をよそに上級車種のコロナ・マークⅡを発売、大幅に値下げした旧来からのＲＴ40とともに５１０ブルーバードを上下から挟み撃ちにする作戦を取り、再逆転に成功する。

　思えば数々の高級なメカニズムを備えた５１０の生産コストは、もとより平凡な設計で開発費の償却も比較的容易なコロナ勢よりずっと高かっただろう。しかし、見た目が豪華で、豊富なアクセサリーを備えながら割安なコロナのほうが、多くのユーザーにとってはお買得と映ったのだった。

　世界のトップレベルと自信を持って発売した５１０が、平々凡々で古臭いコロナを凌駕できなかった。日産の落胆はいかばかりだったか。自信を失った日産はトヨタ的なクルマ作りに引きずられ、迷走を始めるのである。

　とはいえクルマ好きの間における５１０の評価は高かった。また海外でもしかりで、北米市場では50万台以上を売るヒットとなった。それゆえ根底には「我々はけっして間違ってはいなかった」という考えがあったのだろう。

　その証拠に日産はクルマ作りに行き詰まると、必ずといっていいほど５１０を彷彿させる角張ったスタイリングのモデルを投入した。日産にとって５１０は、いい意味でも悪い意味でもマイルストーンとなったのである。

セドリック

英国調と米国流の融合

1960年に登場した、日産初の5ナンバーフルサイズセダンがセドリックである。その車名はバーネットの小説『小公子』の主人公に由来するもので、技術提携していたオースチンを通じて会得した英国趣味が現われている。

いっぽう大きくサイドまで回り込んだフロントのラップラウンド・ウインドシールドや縦目4灯のヘッドランプなど、スタイリングはアメリカ車の影響が濃かった。しかし中身のほうは、7年間にわたってライセンス生産したオースチンをほぼそっくり受け継いでいた。日産そしてクラス初となるモノコックボディ、直4OHV1・5ℓエンジン、そして4段ギアボックスなど、みなオースチンの遺産である。

印象的だったのは、スタンダード仕様のボディカラーに薄いピンクが用意されていたことだ。これもアメリカ車の影響だろうが、小型車ならともかく、国産中型車ではこれが最初で最後である。

発売当初は当時の税制により1・5ℓエンジンを搭載したスタンダードとデラックスのみだったが、60年秋には小型車規格の拡大に伴いセンターピラーの後方でボディを100㎜延長して後席スペースを拡大、1・9ℓエンジンを搭載したカスタムを追加。翌61年にはエステートワゴンも加えられた。

日産は昭和20年代の手作りボディの時代からダットサンにエステートワゴンをラインナップしていたが、セドリックのそれはサードシートを持つ8人乗り。ルーフとボディを塗り分けたツートーンのボディカラーを持つ、これまたアメリカンなモデルだった。ライバルのクラウン、グロリアがフルモデルチェンジを果たした62年には、それらに対抗すべく大幅なフェイスリフトを実施、ヘッドライトを縦4灯から横

ニッサン・セドリック（30） 1960年

4灯に改めた。さらに63年にはカスタムのノーズを延長した全長4855㎜という長大なボディに、2・8ℓ直6エンジンを搭載した3ナンバーのショーファードリブン専用車であるスペシャルを追加した。

このスペシャルには思い出がある。ガールフレンドのオヤジさんが所有していたクルマを、彼女に頼んで借り出してそのままナイトラリーに出場、一晩中田舎道を爆走したのである。翌日、洗車してから何食わぬ顔で返したのだが、数日後に彼女から「いったいどこを走ってきたのか」と問い質された。

なんでもオヤジさんの運転手さんから、「ボディの下に砂利がいっぱい詰まっていた」と聞かされたのだそうだ。後から思えば他人様のクルマ、それも普段は運転手付きで静々と走っている国産最高級車で、穴ぼこだらけの未舗装路を腹を擦りながら飛ばすなど言語道断だ。我ながらなんともひどいことをしでかしたものだと、思い出すたびに懺悔の心境である。

さて、こうしたバリエーション攻勢ではクラウンに先んじるほどの勢いだったセドリックだが、肝心のセールスではその牙城を崩すことはできなかった。

当時、このクラスの乗用車はタクシー需要が大半を占めていたのだが、その業界においてセドリックの評判は芳しくなかったのだ。ウチのオヤジがやっていたタクシー会社ではクラウンを営業車に使っていたが、セドリックが発売されると、何台か入れた。オヤジは自家用車としてオースチンA50に乗っており、日産ディーラーとの付き合いもあったからだろう。

しかし、セドリックは運転手さんの間で評判がよくなかった。フォードやシボレー、そしてクラウンと3段ギアボックスに慣れた彼らにとっては、セドリックの欧州流の4段は面倒くさいというのである。我々にしてみれば、ギアレシオがうんと広い3段より4段のほうが出力を有効に使えて望ましいのだが、プロの運転手にとっては、トップギアのねばるクルマが乗りやすいとされていたのだ。

自慢のモノコックボディも、営業車としてはマイナス要因となったのではないかと思う。当時のモノコックボディはまだ完成度が低く、どこかをぶつけたりするとボディ全体に歪みが起きやすかった。この点でも、頑丈なセパレートフレーム式のクラウンに分があった。なぜなら営業車に事故はつきものだから、修理費の多寡は経営者としては重大な問題だったのである。

1965年、セドリックは初のモデルフルチェンジを受ける。型式名から130と呼ばれる2代目のスタイリングは、日産は公表していなかったが、イタリアの名匠ピニンファリーナが手がけたものだった。日本の5ナンバー規格に収めたため、若干幅が狭い気はするものの、イタリアンなマスク、フロントからテールに向かってなだらかな弧を描くボディサイドのラインやCピラーが根本に向かって細くなっているところなど、さすがピニンファリーナという感じだった。

先代にあった3ナンバーのスペシャルは、セドリックのモデルチェンジと同時に登場したプレジデント

ニッサン・セドリック（130） 1965年

に吸収されたため、エンジンはすべて2ℓとなり、トップグレードのスペシャル6には新開発された直6SOHCのL20型が搭載された。

その後長らく日産の主流エンジンとして使われるL型の歴史は、ここに始まるのである。

ちなみに、ほぼ同時にライバルのクラウンも直6SOHCエンジンをラインナップに加えた。いっぽうプリンスのグロリア・スーパー6は、63年に日本初の直6SOHCを搭載していたから、ここを境に5ナンバーフルサイズ車は静かでスムーズな直6エンジンにシフトしていくことになる。

おもしろいのは同じ直6SOHCでも、進歩的なメカを先んじて導入していたプリンスのG7型と「技術の日産」を標榜していた日産のL20型が、メルセデスを範としたであろうターンフローだったのに対し、トヨタのM型がより高度なクロスフローのヘミヘッドを採用していたことである。

オヤジのタクシー会社では初代セドリックで懲りたとみえ、2代目は営業車に使わなかった。だがオヤジは日

ニッサン・セドリック（230） 1971年

産ディーラーに義理立てし、自家用としてスペシャル6を買った。その後も亡くなるまでセドリックを乗り継いでいたが、僕は帰省すると、薄いシャンパンゴールドのスペシャル6を借りてよく乗った。

ピニンファリーナのスタイリングもさることながら、スペシャル6はインテリアが素晴らしかった。さすがに本革とはいかずバーガンディのビニールレザー張りだったものの、シートはジャガーやローバーなどイギリスのアッパーミドルサルーンを思わせるぶ厚いバケットタイプだった。バケットといっても、アームレストを畳めばいちおう定員の6名が座れるようにはしてあったが、本来は4名乗車を想定してデザインされていた。

ウォールナットベニア張りのインストゥルメントパネルも英国車風だが、ピニンファリーナのデザインだけあってランチアなどのグランツーリズモ的な雰囲気もあり、とにかく趣味がよかった。

だが、そうした味わいも残念ながら日本では理解されなかった。2代目セドリックより2年前、63年にピニンファリーナ・ルックをまとって登場した2代目410ブルーバードは、そのスタイリングが「尻下がり」と評されて伸び悩み、マイナーチェンジのたびにヒップラインを上げていった。セドリックも410ほどではないにせよ、下降していたラインを徐々に上げ、ほぼ水平にまで修正された。

そして68年には、原形を留めないほどの大規模な変更が行われてしまう。優美な顔つきも、そして趣味のいいインテリアも無国籍で殺風景なデザインにされてしまい、オリジナルのよさを知る者にとっては、目を覆うばかりの姿となってしまったのである。しかし、そうした捨て身の作戦もクラウンの勢いを止めることはできず、両車の差は広がっていくいっぽうだった。

1971年初頭、宿敵クラウンと時を同じくしてセドリックはフルモデルチェンジし、230型と呼ばれる3代目となった。66年に吸収合併したプリンスのグロリアと統合され、双子車となったこの3代目は、それまでの迷いをふっきるかのように、あからさまにアメリカンなテイストをたたえていた。

機構的には先代をほぼ踏襲するが、控えめながらコークボトルラインを採り入れたスタイリングは、ライバルのクラウンの先代MS50系(「白いクラウン」の世代)を多分に意識していたと思う。そのクラウンが、大胆な変革が裏目に出て自滅したことにも助けられ、230セドリック・グロリア連合軍は、誕生以来初めてクラウンを打ち負かすことに成功するのである。

これで勢いづいたセド・グロは、72年には国産初のピラーレスの4ドアハードトップを追加した。これがまた好評で、一時はクラウンに代わって同クラスのリーダーシップを握るかとさえ思われた。しかしその優勢も、危機感を覚えたトヨタがクラウンのモデルチェンジのサイクルを早め、74年に5代目を登場させたところでジ・エンド。セドリック・グロリア連合軍の天下は、結局230一代限りに終わったのだった。

フェアレディ

日本を代表するスポーツカー

途中数年間のブランクはあるものの、フェアレディは誕生から半世紀以上の伝統を誇る、日本を代表するスポーツカーである。そのフェアレディを語る際に欠かせないのが、元米国日産社長にして、「Zカーの父」と呼ばれる片山豊さんだ。

片山さんは1909年9月生まれというから、2009年の9月でなんと満100歳。それでも最近、取材に伺ったという編集者から聞いたところでは、かくしゃくとしておられ、貴重なお話を拝聴したという。まさに日本の自動車界の生き字引であり、米国自動車殿堂入りも果たした日本一のカーガイである片山さん。彼が自動車界に残した功績は数え上げたらキリがないが、そのうちのひとつで、しかも非常に重要なのがスポーツカーを作ったことである。

多摩川スピードウエーで開かれたレースにワークスチームを送るなど、戦前からモータースポーツへの萌芽が見られたダットサン（日産）だが、市販スポーツカーらしきものが登場したのは戦後の1952年のことだ。僕の最初のクルマがDB－2というポンコツの52年式ダットサンだったことは前述したが、それと共通のシャシーにMG－TD風の4座オープンボディを載せたモデルが、ダットサン・スポーツ（DC－3）の名で50台限定生産されたのである。腰高なトラックシャシーにサイドバルブの860ccエンジン、3段ノンシンクロのギアボックスだったから、スポーツとは名ばかりだったが、当時の僕にとっては憧れだった。それでも当時の日本市場では時期尚早で、50台のうち半分しか売れなかったそうだが、僕が通っていた水戸の中学の近所にも1台あり、下校時に毎日のように寄り道して見に行ったものである。こ

ダットサン・スポーツ（DC-3） 1952年

のDC-3を企画したのが、当時宣伝課長の座にあった片山さんだった。

エンスージアストとしてSCCJ（スポーツカー・クラブ・オブ・ジャパン）の会長を務め、海外のスポーツカー事情に精通していた片山さんでも、当時の限られた条件下ではDC-3が精いっぱいだったのだろう。しかし、日本で初めて「スポーツ」を名乗ったことは、語り継がれるべきであろう。

DC-3から6年のブランクを経た58年に後楽園競輪場で開かれた全日本自動車ショウ(東京モーターショー)に再びダットサン・スポーツと名乗るモデルが出展され、翌59年に市販開始された。シャシーはOHV1ℓエンジンを積んだ211型で、その上に架装されたアイボリーと赤のツートーンで塗られたボディは、なんと東洋紡で作られたFRP製だった。

型式名S211と呼ばれるこれは、DC-3よりさらに少なく生産台数20台と言われているが、60年にはマイナーチェンジを受けてスチールボディとなり、ようやく前輪独立懸架と310ブルーバード用の1・2ℓエンジ

ダットサン・スポーツ（S211） 1959年

ンを備えたSPL213となった。型式名のLはレフトハンダーすなわち左ハンドルで、対米輸出専用車だった。日産はこのちっぽけなロードスターに「フェアレディ」というペットネームを付け、アメリカで400台以上売ったのである。MGやオースチン・ヒーレー・スプライトなどのライトウェイトスポーツを見慣れたアメリカ人の目には、さぞかし珍妙なクルマと映ったことだろう。当初はペットネームの日本語表記が「フェアレデー」だったというのも、いかにも時代を感じさせる話である。

ここまではいわば前史だが、61年の全日本自動車ショウで、いよいよ国産初の本格的なスポーツカーであるフェアレディ1500（SP310）がデビューする。

SP310はその名のとおり、310ブルーバードのシャシーを強化してセドリック用の1・5ℓエンジンを積み、当時のフィアット1200／1500カブリオレに似たオープンボディを架装していた。変わっているのはシートレイアウトで、前2座の後方に横向きのシートを備えた3シーターだった。

翌62年から市販開始されたSP310は、63年に開かれた第1回日本グランプリにもちろん出場した。この晴れの舞台で、日産スポーツカークラブ（SCCN）の会長を務めていた田原源一郎さんがドライブしたSP310は、なんとMGBやトライアンフTR、ポルシェ356といった名だたるヨーロッパのスポーツカーを蹴散らして優勝してしまったのである。

もちろんこれにはからくりがあった。外国車勢がノーマルだったのに対して、SP310はワークスチューンされていたのである。グランプリ前の申し合わせでは、許された改造範囲はごく狭かったのに、SP310はひと目見て明らかに異なるレーシングスクリーンを備え、サスペンションは固められ、エンジンは輸出仕様のオプションとして設定されたという触れ込みのSUツインキャブでスープアップされていたのだ。しかし、かなりのカーマニアだと自負していた、翌年の第2回グランプリにはドライバーとして出場することになる僕でさえ、そんな裏事情は知らなかった。

となれば、一般人に結果に疑いを挟む余地などあるわけがない。おかげで普段から「欧州製スポーツカーに比べたら、フェアレディなんててんでダメだ」と、いかにも知ったふうに仲間に吹聴していた僕は「話が違うじゃないか」と責められ、すっかり立場をなくしてしまったのだった。

その後SP310は優勝車と同じSUツインキャブが与えられ、どっちつかずの横向きシートが廃されて本来の姿である2座に戻されたのち、65年にフェアレディ1600（SP311）に発展する。超ショートストロークのエンジンにポルシェタイプ・シンクロの4段ミッション、前輪ディスクブレーキを与えられたSP311は、性能的にはMGBに匹敵するスポーツカーに成長していた。

だが日産は、フェアレディにさらに強力な心臓を与えた。67年に登場した最終発展型のフェアレディ2000（SR311）である。セドリックのそれをSOHC化し、ソレックスのツインチョークを2基備えた2ℓエンジンのパワーは145ps。最初のSP310は71psだったから、2倍以上もパワフルな

ダットサン・フェアレディ 1500（SP310） 1962年

エンジンを積んでしまったのである。それでいて車重は900kg台のままだったから、こいつはすごかった。

エンジンはややラフで、もともとプアなシャシーは増加したパワーに対処すべく一段と締め上げられていたから、乗り味はまるでヴィンテージカーのようにスパルタンだった。だがゼロヨン加速15秒台というカタログデータに偽りのない、強烈な走りを見せた。

そのSP／SRロードスターから一転、クローズドボディのグランツーリズモとなったのが、1969年に登場した型式名S30こと初代フェアレディZだ。広い北米大陸を横断できるような性能を持つ、スタイリッシュかつリーズナブルなスポーツカーというS30のコンセプトは、当時米国日産の社長だった「ミスターK」こと片山さんが立案したものである。

ロングノーズ、ショートデッキのスタイリングは、登場時点においてけっして新しくはなかった。フェラーリ250GTOやジャガーEタイプなど、スポーツカーの名作から継承した、古典的なものといっていいだろう。いっぽうフロントマスクの処理は、デ・トマゾ・バレル

ダットサン・フェアレディ 2000（SR311） 1967年

ンガあたりに似ている。総じてそれほどレベルが高いとは思えないが、いかにもスポーツカーらしいデザインではあった。そこがアメリカ人に受けたのである。

　エンジンは国内用がセドリックやスカイライン２０００ＧＴと共通の直６ＳＯＨＣ２ℓで、輸出用は２・４ℓ。国内専用のトップグレードであるＺ４３２には、スカイライン２０００ＧＴ‐Ｒから借用した４バルブ、３キャブレター、２（ツイン）カムのＳ20型が搭載された。しかし、後に国内でも２・４ℓを積んだ２４０Ｚが販売されると、Ｚ４３２はフェードアウトした。気難しく、高回転まで回さないと威力を発揮しないセミレーシングユニットを積んだＺ４３２より、トルクフルな２４０Ｚのほうが、公道ではあらゆる場面で速く、扱いやすかったからである。

　２４０Ｚにも、オーバーフェンダーとＧノーズと呼ばれるノーズコーンとライトカバーを装着し、もともと長いノーズをさらに伸ばした２４０ＺＧという国内専用のトップグレードがあった。

　トヨタ時代の後輩で、パブリカからトヨタ７までを

ニッサン・フェアレディZ（S30） 1969年

駆って活躍した蟹江光正というドライバーがいた。僕より5つほど年下だったが、妙にウマがあってよくつるんでいた。その蟹江と交代で出たての240ZGをスッ飛ばし、大阪まで遊びに行ったことがある。用賀の東名入口から名神の西宮出口まで、たしか5時間を切った。

ガラガラに空いていた東名で200㎞／hぐらい出すと、ノーマルの240ZとZGの違いが実感できた。カタログの謳い文句どおりZGはノーズリフトが少なく、直進安定性に優れていたのである。ちなみにその時の相棒だった蟹江は、10年ほど前に急逝してしまった。今でも240ZGを見ると、いい奴だった彼のことを思い出してしまう。

アメリカでダットサン・スポーツ240Zの名で発売された初代Zは、片山さんの目論見どおり大ヒットした。最盛期には月販6000台も売れたというから恐れ入る。9年間の総生産台数は60万台以上で、それまでに作られたスポーツカーの生産／販売記録をZはことごとく塗り替えてしまった。おかげでMGやトライアンフ、オースチン・ヒーレーといった英国製スポーツカーは、Zにマーケットを奪われ死に絶えた。ポルシェとて、Zの影響を受けないわけにはいかなかった。誇張でもなんでもなく、Zは世界のスポーツカーの歴史を変えてしまったのである。

Zのなにが、そこまでアメリカ人を夢中にさせたのだろうか。スタイリッシュで安いというのはもちろんだが、プラスアルファの魅力があった。それがなにかといえば、本格的なスポーツカーでありながら、アメリカ人がクルマに望む快適装備を最初から備えていたからだと思う。

エアコン、AT、パワーウィンドウ、カーオーディオ……そんなスポーツカーはそれまで存在しなかった。野性的なルックスにもかかわらず、運転に際しては、旧来のスポーツカーのようになんらかの我慢を強いられることがなかったのだ。1960年代初頭からアメリカで孤軍奮闘して市場を開拓し、アメリカ人の嗜好とクルマの使用環境を知り尽くしていた片山さんだからこそ、Zを作ることができたのだろう。

ただし、個人的には歴代を通じてZというクルマを好きになれなかった。僕の好きなMGやトライアンフといった英国製スポーツカーを結果的に消滅に追いやった、ということがおそらくその理由だと思う。だからといってZの功績を讃える気持ちや、片山さんへの敬意が薄れるようなことはないのだが。

シルビア

和製イタリア風カスタムカー

1964年の東京モーターショーに、日産はダットサン・クーペ1500なるショーカーを出展して話題を呼んだ。フェアレディ1500のシャシーに、日本車離れしたシャープなスタイリングのクローズドボディを載せた2座クーペだったが、翌65年、それは日産シルビアの名で市販化された。

プロトタイプと比べ、エンジンがＳＵツインキャブを装着して90psを発生する超ショートストローク型の１・６ℓに拡大されていたが、そのエンジンは間もなく登場したフェアレディ１６００やブルーバード１６００ＳＳＳにも積まれた。

ちなみにフェアレディ１６００の型式名はＳＰ３１１で、シルビアのそれはＣＳＰ３１１。プロトタイプと同様、成り立ちとしてはシルビアはフェアレディのクーペ版であり、日本で初めて採用されたポルシェタイプ・シンクロの４段ギアボックスや前輪ディスクブレーキなどのメカニズムもまったく同じだった。とはいうものの、フェアレディとシルビアのキャラクターは大きく異なる。英国風のオープンスポーツである前者に対して、後者はイタリアのカスタムスポーツのようなグランツーリズモを目指していたのである。

シャープにカットされた宝石になぞらえて、日産が「クリスプ・カット」と称した美しいボディは、ＢＭＷ５０７などを手がけたニューヨーク在住のドイツ系アメリカ人デザイナー、アルブレヒト・ゲルツの作と言われていた。しかし、最近になって聞いたところでは、ゲルツはアドバイザーで、実際に手がけたのは後に初代サニークーペなどをデザインした日産の社内デザイナーという。

そう言われてみると、シルビアとサニークーペのスタイリングにはたしかに共通項がある。しかし、シルビアはいち早くサイドウィンドウに曲面ガラスを用いたり、ボディサイドのショルダー部分のプレスラインが逆ぞりになっていたりと、かなり凝っている。イタリアのカロッツェリアが作ったカスタムカーのように、日産系のボディメーカーの板金職人がトンテンカンとハンマーを振るってハンドメイドしたからこそ、実現した繊細な造形であろう。ボディカラーはゲルツの指定によって、オリーブグリーンのメタリックのみ。だから残存している個体でこれ以外のカラーのものは、リペイントされたということなのだ。

ニッサン・シルビア（CSP311） 1965年

インテリアも魅力的だった。シートや内張りは明るいアイボリーのビニールレザー張りで、汚れが目立たない地味な色ばかりだった日本車の中にあって非常に新鮮だった。

大小メーターを配したフェイシアやコンソールボックス、ウッドリムのステアリングホイールなど、ホーンボタンの「ＮＩＳＳＡＮ」の文字を見なければイタリア製のカスタムカーと見まごうばかりの出来栄えだった。

谷田部の自動車高速試験場で行われたシルビアの試乗会は、よく憶えている。１周６㎞のバンク付きのコースで存分に高速性能を試してみろという、当時としては画期的な試みだった。その企画自体はよかったのだが、試乗前に広報担当者から高速走行時の注意を延々とされたのには閉口した。こっちは曲がりなりにも現役のレーシングドライバーである。ダットサン２１０による豪州ラリーの優勝ドライバーで、その頃日産のラリーチームの監督を務めていた若林隆さんが登場して、高速走行のお手本とやらを見せられたときには、いっしょに参加した仲間ともども大いに憤慨したものだった。

さんざんお預けを食らった末にようやく乗れたシルビアは、当時のスポーティカーの目標だった時速100マイル、すなわち160㎞／hを軽く超えた。スタイルのみならず、性能面でも国際水準をクリアしていたのである。しかし、ほとんど手作りとあって、シルビアの価格は120万円と高かった。ベースとなったフェアレディ1600が93万円、セドリックの高級グレードであるカスタムでさえ100万円だったといえば、いかに高価だったかがわかるだろう。それゆえに3年間に554台が作られたにすぎない。もっともハンドメイドだから、大量生産をしようにもできなかったのだが、日産のような大メーカーからこうした手のかかるクルマが登場したこと自体、今では考えられないことだろう。

数年のブランクの後、75年になって2代目シルビアが登場したが、これは車名こそ受け継がれたものの、初代とは似ても似つかぬクルマだった。そもそも日産で開発したロータリーエンジンを搭載するスペシャルティカーとして企画されたのだが、73年に起きた石油危機によってガスイーターのロータリーは没になった。急遽レシプロのL型エンジンに積み替えて出直しを図ったわけである。

2代目シルビアのディメンションは1・4／1・6ℓ級サルーンのバイオレットとほぼ同じだったが、シャシーはサニーがベースだったためホイールベースは短く、トレッドも狭かった。その上にやたらとオーバーハングが長い、日産混迷期の産物である曲線基調の妙なデザインのボディを載せていた。

その後もパッとしなかったシルビアだが、88年に登場した5代目S13型はそれまでとは違っていた。ピニンファリーナの作品を思わせる優美なスタイリングとスポーティカーとして十分なパフォーマンスを備えて大ヒット。ホンダ・プレリュードとともに「デートカー」ブームを巻き起こした。そのS13のテーマカラーだった淡いグリーンメタリックは、初代シルビアから引用したものだった。

サニー

シンプル&クリーン

誰が言い出したのか知らないが、１９６６年は「マイカー元年」と呼ばれている。もちろんこれ以前からオーナードライバーはいたし、サラリーマンでもなんとか手が届く大衆車や軽自動車も存在していた。そもそも「マイカー」なる和製英語は、61年に出版されてベストセラーとなった技術評論家の星野芳郎さんの著作『マイ・カー――よい車とわるい車を見破る法』によってポピュラーになったのである。

それなのに、あえて66年を「元年」と呼ぶのは、乗用車の生産台数がトラック・バスのそれを上回ったからだという。そして、それを後押ししたのが、この年にデビューした初代サニーとカローラというわけなのだ。

先に登場したのは、4月に発売されたサニーである。日産は前年暮から「１０００cc の新型大衆車」を春に発売というティーザーキャンペーンを開始、66年元日の新聞広告で「お年玉プレゼント」として告知された公募によって車名は「サニー」と決定された。車名公募はそれより5年前にパブリカが実施しているが、その際の応募総数約１０８万通に対し、サニーの場合はなんと８５０万通を数えた。

この年に日本の人口は1億人を突破したそうだが、命名者には新型大衆車（サニー）＋現金50万円が贈られるというデラックスな懸賞のついた車名公募に、１００人中8人以上の人間が応募した計算になる。しかも、車名発表式はテレビ中継までされたのである。

国民的関心事というといささか大げさだが、当時、いかに人々がマイカーに憧れ、興味を持って見つめていたかが、如実に伝わってくる話だろう。そういえば「カー、クーラー、カラーテレビ」を３Cとか新・

ダットサン・サニー（B10） 1966年

三種の神器と呼び始めたのもこの頃からだった。

そうして大々的に売り出された初代サニーは、じつにシンプルな小型車だった。当初は2ドアセダンのみで、スタイリングはよくいえばクリーンで明快、悪くいえばペキペキで鉄板が薄そうに見えた。駆動方式はFR、サスペンションは前が横置きリーフを使ったダブルウィッシュボーン、後ろがリーフリジッドと、シャシーもオーソドックスな設計だった。

エンジンは直4OHV1ℓのA10型。日産の小型車に長らく使われることになるA型エンジンは、機構的には何の変哲もないプッシュロッドOHVだが、よく回って燃費も優秀、レースでも大活躍した名機である。そのA型はサニーと共に世に出たのだった。

こうしたサニーの全体設計は、ドイツの1ℓ級大衆車であるオペル・カデットを参考にしていた節がある。当時の日本車は多かれ少なかれ外国車、とくに小型車は先達である欧州車に学ぶところが多かった。その欧州製小型車の中でも、合理的ながらも平凡な設計を旨とする米国資本系メーカーの作をお手本としたところが、いかにも万人向けの癖のないクルマを狙ったサニーらしい。ちなみに半年後に登場するライバルのカローラにも、同様にカデットの影響が伺えた。

サニーが出た頃、僕は自動車のアクセサリー会社をやりながらポツポツと原稿を書き始めていた。寄稿先は自動車専門誌とは限らない。僕が発売前のサニーの試乗リポートを書いたのは『週刊サンケイ増刊・1000万人の乗用車』という雑誌だった。前述したように当時の日本人にとってクルマは大いなる興味の対象だったから、新聞社系の週刊誌やグラフ誌も自動車関連の別冊や増刊号をよく出していたのである。

その取材で乗ったサニーは、キビキビした走りが印象的だった。よく回るA型エンジンとスタンダードで625㎏という軽量設計が効いていたのだ。しかし、僕の中ではシンプルで好ましいという思いと、ちょっと安っぽいのではないかという思いが交錯していた。

加えてもうひとつ、4段フロアシフトではなく3段コラムシフトを採用したことにも疑問に感じていた。言うまでもなくスポーティな運転にはコラムシフトよりフロアシフトのほうが向いているし、3段より4段のほうが限られた小型車のパワーを有効に使えるからである。

アルファ・ロメオ・ジュリエッタやランチア・アウレリアでさえコラムシフトを採用していた50年代コラムシフトの信奉者だった僕も、この頃にはすっかりフロアシフト派に宗旨替えしていた。僕だけではなく、オーナードライバーの中にフロアシフト派が増えていたのはカローラの項でも記したが、そんな時代にサニーは3段コラムで登場したのだ。

日産は妙に頑固なところがあって、上級のブルーバードでも輸出用には4段フロアシフトを用意しているのに、国内向けはSSやSSSといったスポーツグレードにしか与えていなかったのである。

いかにも日産の作らしく、生真面目でバランスのいいクルマだったサニーは、市場では好評をもって迎

ダットサン・サニー1200（B110） 1970年

えられた。しかし半年後にカローラが登場すると、一気に後塵を拝することとなる。折り紙細工のように直線的で、いかにも鉄板が薄そうに見えるサニーに対して、寸法的にはわずかな違いしかなかったものの、カローラは大きく立派に見えた。

「プラス100ccの余裕」というキャッチフレーズに謳われた1100ccエンジンを筆頭に、すべてにおいてサニーよりワンランク上のムードを演出したカローラは、高度成長のさなかにあって、より豊かな生活を夢見ていた大衆のニーズを的確にとらえていた。僕が懸念していたサニーの安っぽさが、カローラを相手にしたら弱点として浮かび上がってしまったのだ。

おまけにカローラは全車4段フロアシフトにセパレートシートで、時流に則したスポーティさを前面に押し出していた。サニーがあわてて4段フロア仕様をラインナップしたのはデビューから1年後、カローラ登場から約半年後のことである。それでもクルマ好きの間では、走りの資質ではサニーのほうが上という評価を得ていたのだが、商品力に優れたカローラを選ぶオーナーのほうがはるかに多かったのである。

70年初頭、サニーは4年弱のモデルサイクルでフルモデルチェンジを迎え2代目となる。明らかにカローラを標的とした「隣のクルマが小さく見える」というキャッチコピーのとおり、ひとまわり大きくなったボディに、途中から排気量を拡大したカローラと同じ1・2ℓエンジンを搭載していた。

当然のことながら「隣のクルマ」も数カ月後には2代目に進化してサニーの前に立ちはだかった。その後カローラは1400、そして1600と発展、サニーも1・4ℓエンジンを積んだエクセレント・シリーズを追加するなどして後を追うが、その差は詰められなかった。

ただし、2代目同士の比較でも、走りに関してはサニーのほうが一枚上手だった。とりわけSUツインキャブ仕様のA12型エンジンを積んだクーペ1200GXのスポーティさは群を抜いており、中でも後に加えられたGX-5という5段仕様は格別だった。

5段といっても4段にオーバートップを加えただけの他車とは違って、5速が直結（ギア比が1・00）のクロースレシオで、2、3、4、5速がH型に並んだレーシングパターンを採用した、なんともマニアックな仕様だったのである。

そのクーペ1200GXのレーシングバージョンによって、サーキットではサニーがカローラに圧勝した。70年の秋、たった1台のプライベート・サニーが初戦でワークス・カローラを蹴散らして優勝して以降、連戦連勝。レギュレーションによって1・3ℓまで拡大されたA12型は、最終的にはインジェクションを装着して驚くなかれ160ps以上を絞り出し、公認が切れる82年までツーリングカーレースの主役として大活躍したのだった。

ローレル

元祖ハイオーナーカー

初代ローレル（型式名C30）の誕生は1968年。デビュー当初のキャッチフレーズは「ハイオーナーセダン」だったが、この文句がまさにローレルというクルマの本質を表していた。

当時、ファミリーカーの中心的存在はブルーバードとコロナだったが、所得の上昇や高速道路網の整備に伴い、それでは満足できないが、かといって5ナンバーフルサイズのクラウンやセドリックでは大きすぎ、法人車や営業車のイメージが強すぎるというオーナードライバーが現われ始めていた。

いっぽうでは国産車の性能向上によって、外国車からの国産車への乗り換えを検討する人も出てきていた。そうした高級オーナードライバーに向けたクルマがローレルだったのである。

ローレルの成り立ちは、前年の67年に出た510ブルーバードによく似ていた。すなわちフロントがストラット、リアがセミトレーリングアームの4輪独立懸架をもつシャシーに、日本初という1800ccのSOHCエンジンを搭載。一説によると先に設計されたのがローレルで、それをひとまわり小型化したのが510だったという。

ただしこのSOHCエンジンは、ブルーバードやセドリックに使われていたターンフローのL型ではなく、旧プリンス設計のスカイライン1500用を拡大した、より高度な設計であるクロスフローのG18型だった。つまりローレルのシャシーおよびエンジンのスペックは、当時世界でもっとも進歩的な乗用車の1台だったノイエ・クラッセことBMW1500～2000とほぼ同じだったのである。

ローレルはまた、66年に合併した日産とプリンスの技術が初めて融合した製品でもあった。510との

ニッサン・ローレル（C30） 1968年

近似性からも明らかなように開発は日産だが、前述したようにエンジンは旧プリンス設計のG18型であり、生産も旧プリンスの村山工場で行われた。

当初のバリエーションは4ドアセダンのみで、グレードもデラックスA、同Bという2種類だけ。デラックスAは同Bに較べると簡素だったが、スタンダードというグレード名は高級オーナーのプライドを守るために避けられたのだろう。ついでにいえば高級オーナーカーゆえに、ローレルはその生涯にわたって4ナンバーの商用バンや営業車用のグレードがラインナップされることはなかった。

クリーンなスタイリングに高級なメカニズムを持ち、日本車には珍しく品の良さを感じさせる欧州調のセダンだったローレルは、日産の目論見どおりクルマをわかっている層には好評を博した。しかし、約半年後にライバルとなるコロナ・マークIIが登場すると形勢が不利となった。

コロナのフルモデルチェンジの噂をよそに上級版として登場したマークIIは、4輪独立懸架だのクロスフローだのという七面倒くさいことは一切やらず、いってみれば旧来のRT40コロナにふくらし粉を飲ませただけ。だがセダンと2ドアハードトップの2本立て（ほかにワゴン／バンやピックアップまであった）、エンジンも1600と1900の2サイズ4チューンを用意したワイドバリエーションで、2グレードしかないローレルを包囲し、一気に攻め立てたのである。

世の中にはクルマがなんたるかをわかっているマニアより、わかっていない大衆のほうが圧倒的に多い。それには昔も今も変わりはなく、大衆はパッと見に豪華でアクセサリーの豊富なマークⅡを選んだのだった。告白すれば、その大衆の中には僕自身も含まれていた。

それまでクルマにまったく興味のなかった女房が急に運転したいと言い出し、彼女の好みを尊重した結果、ローレルよりマークⅡに軍配が上がったからである。しかしこんな言い訳したところで、ローレルでなくマークⅡを選んでしまったことは、わがクルマ人生における汚点とさえ思っている。

裏を返せばローレルはマークⅡのように大衆に媚びることのない、プライドの高い高級オーナーカーだったといえるわけだが、商売とあれば「武士は食わねど高楊枝」というわけにはいかない。

ローレルにとって不幸だったのは、身内にもライバルが出現したことである。それがなにかといえば、同じ村山工場で作られるスカイライン。ローレル用に作られたG18型エンジンを積んだ1800シリーズは、直6エンジン搭載のスカGことGT系の高性能イメージと、鮮烈だった「愛のスカイライン」の広告キャンペーンに引っ張られて販売好調で、ローレルの領分をしわじわと侵食し始めたのだった。

そうした攻勢にもすぐには反撃に転じることもできず、2ℓエンジン搭載車を含む2ドアハードトップがローレルに追加されたのは、デビューから2年以上を経た70年の半ばのことである。ちなみにローレル・ハードトップは日産初のハードトップだったのだが、トヨタから5年も遅れての登場だった。

ニッサン・ローレル（C130） 1972年

それはともかく、初代ローレルのハードトップはなかなかカッコよかった。広告にフィーチャーされていた、真っ赤なボディに白いビニールレザー張りのルーフを持つ最高級グレードの２０００ＧＸの広報車を借りた際に、まだ渋谷区役所通りと呼ばれていた公園通りに停めたときの光景をよく覚えている。

当時はまだ店も少なく、静かな通りだったのだが、ローレルは数少ない通行人の注目を集めていた。それはまるで、珍しい外国車に対する反応のようだったのだ。ＳＵツインキャブを装着したG20型２ℓエンジンは、既存の１・８ℓのスケールアップ版だから4気筒だったが、スカGやセドリックに積まれている直６のL20よりはるかに素性がよく、当時の国産２ℓ級では白眉の存在だったといえる。

誕生からきっちり4年を経た72年にローレルはフルモデルチェンジを受け、２代目Ｃ１３０型となる。ひとまわり大きくなったボディは、一転してアメリカンテイストに宗旨替えしていた。ひと足先に世代交代を果たしたライバルのマークⅡや身内のスカイライン同様に直６エンジン搭載車をラインナップ、ハードトップには従来どおり4輪独立懸架が採用されたが、セダンのリアはリーフリジッドに格下げされた。

一部で「和製ＢＭＷ」という異名をとった初代のファンには堕落と映ったかもしれないが、肝心のセールスは日産の目論見どおり上向いた。当初からラインナップを整え、「ゆっくり走ろう。ゆっくり生きよう。」というスローガンを掲げた広告キャンペーンを展開するなど、初代に較べれば販売戦略が明確となった結果であろう。しかし、同じ屋根の下で暮らすスカイラインが、ケンメリこと4代目となってさらなる人気者になってしまったことは、ローレルにとっては計算外だったかもしれない。

ちなみに76年に登場した3代目Ｃ２３０系以降、ローレルは基本設計もスカイラインと共用することとなる。いわば二卵性双生児となった両車だが、終始開発の主導権を握っていたのはスカイラインだった。

そして多少の振幅はあれどもコンセプトがほぼ一貫してしたスカイラインに対して、ローレルはヨーロピアンからアメリカン、はたまたキンキラキンの演歌調になったり、背が低くなったり高くなったりと、生涯を通じて高級オーナーカーというポジションこそ不変ながら、味付けは最後まで定まらず迷走を続けたのだ。

チェリー

日産初のＦＦ車

コードネームＡＤＯ15ことオリジナル・ミニが誕生してから、今年（２００９年）でちょうど50年。鬼才アレック・イシゴニスによって編み出され、後に小型車のスタンダードとなった横置きエンジンによる

ＦＦ方式の歴史も半世紀を迎えたことになる。今ではこのレイアウトを採らない小型車を探すほうが大変だが、日本における先駆は日産初のＦＦ車として１９７０年に登場したチェリーだった。

厳密に言えば、69年に発売されたホンダ１３００のほうがチェリーより1年ほど早かった。しかしホンダ１３００はＤＤＡＣ（二重空冷）と呼ばれる特殊な空冷エンジンを積んだ突出したモデルであり、万人向けの実用車とは言い難い。

それに対してチェリーはタイヤをボディの四隅に踏ん張ったレイアウトといい、2ボックスに近いスタイリングといい、ミニに始まるヨーロッパのＦＦ小型実用車に通じる成り立ちを持っていたのである。

最小のボディサイズに最大の居住空間をという、パッケージングを追求した前輪駆動車の開発は、そもそも日産と合併する以前のプリンスで始まった。合併後もスカイラインと同様に東京・荻窪にあった旧プリンスの設計部で開発は進められた。その証拠に、車名は「ニッサン・チェリー」。戦前からの伝統に従い、当時日産は小型車は「ダットサン」、中・大型車は「ニッサン」とブランドを使い分けていた。だからサニーやブルーバードの名字は「ダットサン」だったのだが、チェリーはピラミッドの底辺に位置する最小モデルであるにもかかわらず「ニッサン」を名乗った。プリンスのクルマはダットサンではない、というわけである。

そのチェリー、開発初期段階ではボディはテールゲートを備えたハッチバックだったという。しかし、テールゲート付きといえばライトバンという、当時のユーザーにありがちだった誤解を恐れて、短いノッチに独立したトランクルームを持つスタイルに変更されてしまったのだった。

正式発表の半年ほど前から、チェリーの噂は自動車専門誌をはじめメディアを賑わすようになった。「Ｘ－１」といういかにもな開発コードネームを含め、噂の情報源は多分に日産自身の意図的なリークによる

ニッサン・チェリー（E10）　1970年

ものだったが、デビューの数カ月前からは覆面車によるテスト風景を広告に登場させるなど大掛かりなティーザーキャンペーンを実施。「新しい可動空間（モビリティ）」とブチ上げてユーザーの期待を煽った。

いざ登場したチェリーは、ヨーロッパ流の合理的な設計が施された、好ましい小型車だった。「超えてるクルマ」という大仰なキャッチフレーズほどではなかったものの、兄貴分のサニーやそのライバルのカローラに比べれば、はるかに新しかった。

エンジンは初代サニーに積まれていた1ℓのA10型が基本で、FFのレイアウトはエンジンの真下にギアボックスを収め、その後方にファイナルドライブを置いたいわゆるイシゴニス式。「オリエンタル・アイライン」などと呼ばれた、サイドウィンドウ後端が切れ上がったウィンドウグラフィクスが特徴的な2／4ドアボディは、コンパクトながらFFの採用によってサニーと同等以上の居住空間を確保していた。

「技術の日産」、なかでも高度な技術レベルを誇る旧プリンスの設計陣の作だけあって、チェリーは初のFF車

ニッサン・チェリーF-Ⅱ（F10） 1974年

であるにもかかわらず完成度は高かった。ステアリングは速度を問わず軽く確実で、アンダーステアに悩まされることもなく、狙ったとおりのコーナリングが可能だった。中でも開発コードネームをグレード名に冠した高性能版の１２００Ｘ‐１の走りは痛快だった。

さっそく「プアマンズ・ミニクーパー」の異名をとったが、サニー１２００ＧＸで定評のあったＳＵツインキャブ仕様の12Ａ型エンジンの吹け上がりと乗り心地は、本家よりはるかによかった。当初のモデルはファンノイズがやかましいのが欠点だったが、マイナーチェンジで電動ファンに替えられ解決した。

チェリーは途中からユニークなスタイルのクーペが加えられている。サイドビューがフェラーリのブレッドバン風、といったら褒めすぎだろうが、テールゲートを持つスポーツワゴン的なモデルだった。リアクォーターパネルがロータス・ヨーロッパ並みに広いので斜め後方視界は悪かったが、なかなかおもしろいクルマで、これもサニー・クーペ同様レースで活躍している。ＦＦを利して雨天のレースにはめっぽう強く、とくに若き日の星野一義の手にかかるとべらぼうに速かった。

そんなチェリーの市場におけるライバルは、2代目パブリカだった。初代パブリカは空冷フラットツインを積んだ簡素な小型車だったが、2代目はカローラの縮小版ともいえる成り立ちのモデルだ。新機軸を誇りながらもいささか粗削りな部分のあるチェリーに対して、平凡ながら充実した装備や強大な販売力にモノを言わせたパブリカの、いわば革新と保守の対決は、後者がやや優勢だった。

しかし、72年にチェリーに近いコンセプトを持ちながら、よりヨーロッパ的な2ボックス・スタイルのホンダ・シビックが登場すると、その存在感は急激に色褪せてしまう。日産からすれば、チェリーで開拓したFF大衆車の市場がようやく根付いたと思ったら、おいしい部分をシビックにさらわれてしまったようなものだろう。

見方を変えれば、ハッチバックという冒険を避けた大メーカーゆえの慎重な姿勢がもたらした結果ということもできる。もっとも、シビックの場合は出たタイミングもよかったのだが。

誕生から4年後の74年にチェリーはフルモデルチェンジを迎え、チェリーF-Ⅱと名乗る2代目が登場する。だがボディサイズ、エンジンともに拡大された2代目は、先代の持っていた個性がすっかり消え失せ、駆動方式を除けばサニーと選ぶところがほとんどなくなってしまっていた。さらに4年後にはチェリーF-Ⅱの後継モデルとしてパルサーがデビューするが、こちらは「ヨーロッパ」を謳い文句に、遅ればせながら2ボックス・スタイルを導入していた。この時点でもサニーはまだFRだったが、80年代に入ってFFに転換してからもサニーは日産、パルサーは旧プリンスという血統は受け継がれた。すなわち同じクラスのクルマを異なった部署でそれぞれ開発するという無駄を、日産は続けていたのである。そして、それは日産の地盤沈下が進む原因のひとつとなったのだった。

スカイライン

継子扱いから看板車種に

国産乗用車の中で、クラウンに次ぐ長寿銘柄であるスカイライン。その誕生は１９５７年だから、すでに半世紀以上の歴史を持つわけだが、国産車には珍しくブランドが確立しており、根強い支持層がいるという点でもクラウンと双璧である。

スカイラインといえば日産を代表する車種のひとつだが、そもそもは66年に日産に吸収合併されたプリンスというメーカーの製品だった。中島飛行機、立川飛行機という戦前・戦中の航空機メーカーをルーツとするプリンスの歴史は誠に複雑なのだが、本格的な自動車メーカーへの道を歩み始めたのは１９５０年代初頭のことである。

プリンスは51年に当時の小型車規格いっぱいの1・5ℓ直4エンジンを完成させるが、これは日本で初めてＯＨＶを採用していた。翌52年にはこのエンジンを搭載した5ナンバーフルサイズのプリンス・セダンをリリースするが、これが「プリンス」というブランドを名乗った最初のモデルだった。

プリンスの名は皇太子（今上天皇）の立太子礼にちなんだもので、独身時代の皇太子はプリンス・セダンのステアリングを自ら握っておられた。このプリンス・セダンは後に宮内庁から日産に戻り、現在も保管されているが、以後プリンスは皇室と縁の深いメーカーとなり、やがては昭和天皇の御料車であるロイヤルを作ることになる。プリンス・セダンはトヨペット・スーパーなどと市場を争う、主としてタクシー向けのセダンだったが、ライバルに先んじてコラムシフトを採用していたことが記憶に残っている。

先のＯＨＶエンジンといい、コラムシフトといい、プリンスはその生涯を通じて、常に先頭を切って高

プリンス・セダン（AISH） 1952年

級で進歩的なメカニズムを採用し続けた。皇室との関係も含めて、今日でいうところのプレミアムメーカーという位置づけだったのである。
そして57年にはいよいよスカイラインが登場する。初代クラウンから2年遅れてのデビューだが、クラウンと真正面からぶつかる5ナンバーフルサイズのセダンだった。スカイラインのスタイリングは、アメリカで大流行していたテールフィンを日本で初めて導入していた。スタンダード仕様のサイドモールディングなど55年頃のフォード・フェアレーンにそっくりで、ちょうどフルサイズのアメリカ車を2／3に縮小したような感じだった。
クロームの装飾も多くて高級車たることをアピールしていたのだが、その割にはボディのプレスが貧弱で、新車のときからボディパネルが波打っていた。おそらくプレス機械が力不足だったのだろうが、弱小メーカーの製品であることが現われてしまっていた。
そんなアメリカンな外見を持ちながら、中身のほうはヨーロッパ調だった。エンジンはプリンス・セダンから

プリンス・スカイライン（ALSI） 1957年

受け継いだOHV1・5ℓだが、ギアボックスはクロースレシオの4段。そして驚くべきことに、リアサスペンションにド・ディオンアクスルを採用していたのである。ド・ディオンはリジッドアクスルながら、乗り心地と操縦性を高レベルで両立した機構である。ただし構造が複雑でコストも高くつくことから、主にヨーロッパの高級車やレーシングカーに採用されていたのだった。

同時代のヨーロッパ車を見渡しても、量産車ではランチア・アウレリアくらいしか使っていなかったこの高級なメカニズムを、何を思ってかプリンスは導入したのである。考えてもみてほしい。当時の日本の道路事情といえば、都市部を離れたら国道といえども大半は未舗装路で、あちこちに穴ぼこが開いており、雨が降ろうものならたちまち泥沼と化してしまうような代物だった。

しかも需要のほとんどはタクシー業界だから、サスペンションに求められるのは何よりも耐久性。乗り心地だの操縦性だのといったことは、二の次、三の次だったのである。前輪独立懸架を備えた初代クラウンが登場した際に、タクシー用として前後リジッドアクスルのマスターを用意していたことが、劣悪な道路事情を端的に物語る証拠であろう。案の定、発売されたスカイラインは、すぐに足まわりが弱いという評判が立ってしまった。悪路を走るとド・ディオンアクスルのジョイントのゴムブーツが破れ、オイルが漏れてくるのだ。おかげで道路事情がまだよかった東京ではスカイラインのタクシーが走っていたが、僕の住んでいた水戸周辺ではほとんど見かけた記憶がない。

初代スカイラインといえば、忘れられない出来事がある。プリンスと皇室の関係については前述したとおりだが、僕は初代スカイラインを運転する皇太子と、なんと鎌倉の路上で鉢合わせしたことがあるのだ。おそらくほど近い葉山の御用邸からドライブにいらしたのではないかと思うが、周囲には護衛らしき護衛はいなかった。今では信じられない話だろうが、じつに希有な体験をしたものである。

皇太子は59年にご成婚されるが、それを記念してグロリアと命名したスカイラインの派生モデルが登場する。スカイラインの内外装をさらに高級化し、1・9ℓ直4エンジンを載せた国産最高級車である。当時の小型車規格（5ナンバー）は1・5ℓまでだったから、これは3ナンバーの普通乗用車となった。

翌60年には、国産自動車史において画期的となる派生モデルがベールを脱いだ。同年のトリノショーに出展されたスカイラインスポーツがそれである。プリンスが進歩的なメーカーだったことは前にも記したが、その先進性は技術面のみにおいて発揮されたわけではなかった。

50年代末からデザイナーをイタリアに送り、かつてカロッツェリア・ベルトーネのチーフスタイリストとして数々の傑作を残した鬼才フランコ・スカリオーネのスタジオで学ばせるなど、デザイン面においても進んでいたのだ。

そうした動きが最初に具体化したのが、スカイラインのシャシーに、気鋭のデザイナーだったジョバンニ・ミケロッティが手がけたボディを載せたスカイラインスポーツだった。チャイニーズ・アイなどと呼

プリンス・スカイラインスポーツ（BLRA-3） 1962年

ばれた、斜めに配置されたツリ目のデュアルヘッドライトが特徴的な4座のクーペとコンバーティブルである。

エンジンはグロリア用の1・9ℓがそのまま積まれ、ギアボックスも4段コラムシフトのままだったから、車名はスポーツとはいえあくまでムード派だったが、高級パーソナルカーというコンセプト自体が国産車としては初の試みだった。ついでにいえば、お披露目の場を海外のショーとしたことも日本初だった。

このスカイラインスポーツは、単なるショーモデルでは終わらなかった。留学していたデザイナーがイタリアから帰国する際に数名のボディ板金職人を伴って帰り、彼らの指導の下に生産化が進められ、62年に市販開始されたのである。ボディはハンドメイドでシートは本革張りという手の込んだ作りで、価格はクーペが185万円、コンバーティブルが195万円だった。

シャシーを共用する国産最高価格車だったグロリアが115万円だったといえば、いかに高価だったかがわかるだろう。現代の貨幣価値に直せば2000万円以上になるだろうか。もともとハンドメイドで量産を前提としていないとはいえ、庶民にとってはマイカーを持つことが夢だった時代にこの価格では、台数が出るはずもない。いっぽうクルマにこの金額を払える財力のある層は輸入車を買ってしまうケースが多かったから、出してはみたもののスカイラインスポーツを歓迎する声は市場には少なく、結局のところ60台が作られただけで終わった。

しかし、本場のイタリアンデザインを導入し、スタイリングの重要性を知らしめたという点において、業界内での反響は大きかった。その証拠にこれを契機としてダイハツはヴィニャーレ、日産はピニンファリーナ、マツダはベルトーネ、日野はミケロッティ、いすゞはギアといった具合に、国産メーカーが続々とトリノのカロッツェリアの門を叩くことになるのである。

1963年、スカイラインは初のフルモデルチェンジを迎え、2代目S50系となった。5ナンバーフルサイズ市場は前年の62年に登場した2代目グロリアにまかせて、コロナやブルーバードと覇を競う1・5ℓ級のファミリーセダンに生まれ変わったのである。ボディは従来のトレー型フレーム式からモノコックとなり、自慢のド・ディオン・リアアクスルは平凡なリーフリジッドに改められた。

OHV1・5ℓエンジンも初代から受け継いだもので、プリンスらしい先進性は失われたかと思われたが、そうは問屋が卸さなかった。シリンダーブロックとヘッドをシールで封印し、2年または4万㎞まで保証したエンジンをはじめとするメンテナンスフリーを打ち出して話題を呼んだのである。

この2代目スカイライン1500のノーズを約20㎝伸ばしてグロリア用の直6SOHCエンジンを押し込んだのが、64年に鈴鹿サーキットで開かれた第2回日本グランプリのGTレース用に急造されたスカイラインGTだ。ポルシェ904カレラGTSとの戦いによってスカイライン伝説の起源となるモデルである。このGTの印象があまりに強烈だったために忘れ去られてしまったが、ベースとなったスカイライン

プリンス・スカイライン1500（S50） 1963年

1500のレーシングバージョンも相当に速かったのだ。

スカイライン1500が出場したT‐V（1300〜1600cc）というツーリングカーレースには、僕も前年の覇者であるトヨタチームのメンバーとして、RT20コロナでエントリーしていた。ところがスカイラインとコロナでは、予選タイムが8秒から10秒以上も違うのだ。もちろん速いのはスカイラインだが、これではハナから勝負になろうはずがない。

とはいえ出走を取りやめるわけにはいかない。結果は悲惨だった。決勝では1位から8位までをスカイラインが独占、2台のベレットに次いで我がコロナ勢では最上位の浮谷東次郎が11位、僕は完走26台中16位に終わった。優勝したのは、当時プリンスチームのエースだった生沢徹。徹とはクルマを通じての友人だったから、後日、彼に頼んでこっそり練習中にワークススカイラインを運転させてもらったことがある。

いくら友人とはいえ、ライバルチームのドライバーにステアリングを託すなど今では考えられないだろうが、実際に僕はドライブしたのである。

乗ってみて驚いた。エンジンは平凡なOHVシングルキャブにもかかわらずよく回るし、ハンドリングも軽快で、全体のバランスがすばらしかった。俺もこれに乗れば、もう少し上位にいけたかもなどという考えが一瞬頭をかすめたが、考えてみればプリンスには徹を筆頭にヤマハのワークスライダーあがりの砂子さんや大石さんがいて、社員ドライバーの連中も腕利き揃いだった。スカイラインに乗ったところで、チーム内でブービー賞をもらうハメになっていたことだろう。

原則として改造禁止というレギュレーションを正直に守ったがために惨敗を喫した第1回日本グランプリの雪辱に燃えていたプリンスは、このスカイライン1500とグロリア・スーパー6によって、第2回グランプリでツーリングカーの2クラスを制覇した。優勝こそならなかったものの、劇的なレース展開のおかげで日本人の心情に訴え、スカイラインを名車に祭り上げたのが、前述したスカイラインGTである。

スカGに搭載されたグロリア・スーパー6用の直6SOHCエンジンは、ツインチョーク・ウェバーを3基、すなわち1気筒あたり1個のキャブレターを装着するなどして、最高出力160ps程度までチューンされていたという。とはいえしょせんはセダン、実用車である。対して僕の友人であり、トヨタのチームメイトでもあった式場荘吉君が持ち込んだポルシェ904カレラGTSは、ミドシップの本格的なレーシングカー。本来ならばいくら排気量が同じとはいえ、較べること自体が間違っている。

両車が激突したGTレースでは、僕は式場君のピットの責任者を務めていた。それにしても、このレースに関してはプライベーターとしての参加とはいえ、トヨタのドライバーがポルシェで走り、同じくトヨタのドライバーがピットクルーだなんて、なんとも牧歌的な時代だったものである。

詳しいレース展開については、これまでにさんざん語られているので省略するが、ハイライトはこうだ。

プラクティスでのクラッシュによって本調子ではなかった904が、周回遅れの処理に戸惑った一瞬の隙をついてスカGが抜き去り、従えてグランドスタンド前を通過したのだ。スカGのドライバーは徹で、式場君とは友人同士である。式場君は抜き返そうと思えばすぐにできたのだが、「まあ徹にも少しいいカッコをさせてやるか」くらいの気持ちで先行させたのだろう。

だがグランドスタンドを埋めた観客には、そんな裏事情などわかりっこない。世界に冠たるポルシェのレーシングカーを我らがスカGがリードするという予期せぬシーンを目の当たりにして総立ちとなり、スタンドを揺るがさんばかりの大歓声を上げた。スタンド正面にあるピットからその光景を目撃した僕の耳には、まるで地鳴りのようだった大歓声が今も耳に残っている。

この瞬間に、スカイラインの名は日本人のクルマ好きの心に名車として焼き付けられた。レースが終わってみればなんのことはない、勝ったポルシェは負けたスカGの引き立て役になってしまったのである。

2代目スカイラインのモデルサイクル中の66年にプリンスは日産に吸収合併される。翌67年にスカイラインはマイナーチェンジを受けるが、この新型の発表会場はなんと都内のディーラーだった。言葉は悪いが妾の末っ子のような、吸収された側の悲哀を感じさせる扱いだったが、新型に搭載されたG15型エンジンはSOHCクロスフローという高度な設計で、旧プリンスの技術力の高さとプライドが伝わってくる傑作だった。

そして68年、スカイラインは2度目のフルモデルチェンジを受けて3代目C10系となる。当初は先代から踏襲したG15型エンジンを積んだ1500のみだったが、間もなく2000GTを追加した。先代と同じくノーズを伸ばして直6エンジンを積むという手法で作られていたが、エンジンはセドリックに使われていた日産系のL20型となった。サスペンションもフロントのストラットは1500と同じだが、リアは

ニッサン・スカイライン（C10） 1968年

リーフリジッドから510ブルーバードやローレルと同じセミトレーリングアームに替えられ、4輪独立懸架となった。

そして翌69年に入ると、レースでの勝利を宿命付けられたGT‐Rが加えられた。64年の鈴鹿で誕生したスカイライン伝説の新たな担い手であるGT‐Rに積まれたエンジンは、直6DOHC、1気筒あたり4バルブという、世界的にも類を見ない高度な設計のS20型である。

これは打倒ポルシェ904を目標にプリンスが製作した国産初のミドシップのレーシングプロトタイプ、R380のエンジンをベースに作られたものだ。通常の2000GTの価格が90万円弱でGT‐Rは150万円だったから、その差額がエンジン代というわけである。

GT‐Rは表立ってはレース用のホモロゲーションモデルとは謳っておらず、限定生産ではなかったから、金さえだせば誰でも買えた。とはいえ実質的にはそれに近かった。ラジオはもちろんヒーターすら装着されておらず、フロントシートもリクライニングしないバケットタイプで、リアウィンドウの熱線やブレーキサーボも省か

ニッサン・スカイライン2000GT-R（PGC10） 1969年

れていた。レースで使う場合、サーボはタイムラグが発生するから、というのがその理由である。

　こうしたスパルタンなスペックから想像されるとおり、GT-Rは野蛮で豪快なクルマだった。エンジンはパワフルだが直6なのに振動が大きく、ギアボックスもやかましかった。GT-Rは当初は4ドアセダンで、70年に2ドアハードトップに切り替わる。ハードトップはホイールベースが70㎜短縮されて運動性能が向上していたが、個人的には初期の4ドアの印象が強烈だった。

　4ドアGT-Rに女房を乗せて、水戸の実家に帰った憶えがある。季節は冬で、ヒーターがないうえにどこからかすきま風が入ってきて、とても寒かった。女房は家から持参した毛布を腰から下に巻いて不機嫌そうにしていたが、運転していた僕は楽しかった。当時はまだ常磐道が開通しておらず、国道6号（水戸街道）を走っていったのだが、ひとたびガスペダルを踏み込めば強烈に加速し、追い越しが自由自在だった。中島飛行機で「誉」エンジンを設計した、僕が日本でもっとも尊敬するエンジニアである中川良一さんの息がかかった最後のエンジン

ニッサン・スカイライン（C110） 1972年

であるS20の吐き出すサウンドも僕をシビレさせた。

GT‐Rはサーキットにデビューすると、たちまちツーリングカーレースでは無敵の存在となり、勝ち星を積み重ねていったが、それと比例するようにスカイラインの販売台数も伸びていった。2代目S50系の時代は月販3000台に満たなかったのに、3代目C10系の末期には月販1万台を超える名実ともに人気車種に成長したのである。

レースでの活躍とともにその成功を後押ししたのが、「愛のスカイライン」というキャッチフレーズの下に展開された広告キャンペーンだ。それまではストレートに性能を謳うか、感覚に訴えるにしても「楽しい」とか「気持ちいい」がせいぜいだった自動車広告に、「愛」という抽象的な概念をキーワードとして据えた点が画期的であり、3代目クラウンの「白いクラウン」と並ぶ、60年代の自動車広告の傑作だと思う。

「愛」という言葉には、開発責任者である桜井真一郎さんの「血の通ったクルマ作り」という信念や、「クルマは性的な商品」というキャンペーンを担当した広告クリエイターのメッセージなどが凝縮されていたという。とはいえスカイラインといえば硬派のイメージで売ってきたクルマである。これを採用したのは賭けだったが、結果は大当たりで、既存のイメージを損なうことなしに新たなファン層の獲得に成功した。日産に吸収合併された当初は、ほぼ同級の嫡男であるブルーバードとの競合を避けるため、存続が危ぶまれていた継子のスカイラインが、レースと「愛」という硬軟両面からのプロモーション戦略によって、家長からも一目置かれる存在となったのである。

となれば色気が出てくる。「愛のスカイライン」に代わって「ケンとメリーのスカイライン」というコピーを掲げて72年に登場した4代目C110系はぐっとソフト化し、良く言えばグラマラス、悪く言えば鈍重なボディを持っていた。ホイールベースも伸び、当然ながら車重は増加したが、パワートレーンをはじめ中身はほぼ先代と同じだったから、性能は低下した。

GT-Rも遅れて追加されたが、一説によると残っていたS20型エンジンを消化するための企画ということで、200台以下しか作られなかった。先代に較べてパフォーマンスは低下しているのだから、レースに出たところで勝ち目はない。よってこの通称ケンメリGT-Rは、歴代GT-Rの中で唯一サーキットを走っていない。

しかし、こうした軟派への転向は世間には受け、ビジネス的には4代目ケンメリはスカイライン史上最大のヒット作となった。その後も多少の浮き沈みはあったが、スカイラインはブランドを確立し、日本の名車と言われている。

しつこいようだが合併当初は継子扱いだったにもかかわらず、気づいてみれば日産の看板車種の座を、己の力で勝ち取っていたのである。

グロリア

皇室と縁の深い高級車

スカイラインのところでも記したように、グロリアの誕生は1959年。皇室と縁の深かったプリンスが、皇太子のご成婚を記念して「栄光」を意味する車名を与えたスカイラインの派生モデルである。

シャシー、ボディは基本的にスカイラインと同じだが、内外装は一段と高級化され、エンジンはスカイラインの1・5ℓを拡大した直4OHV1・9ℓを積んでいた。当時の小型車規格（5ナンバー）は1・5ℓまでだったから、こちらは戦後初の3ナンバーの普通乗用車となった。成り立ちとしては5ナンバーフルサイズ時代のクラウンやセドリック／グロリアに設定されていた2ℓ超のエンジンを積んだ3ナンバー車のようなものだが、それらよりはるかに希少な存在だった。

このグロリアが友人の式場壮吉君の家にあった。彼の父君が運転手付きで乗っていたのだが、ときおり乗り出してくると、よく運転させてもらった。プリンス自慢のメカニズムであるド・ディオン・リアアクスルのおかげで、僕の実家にあったクラウンと比べると乗り心地、ロードホールディングともにはるかによかった。

たった1・9ℓだが、それでも当時は国産乗用車中最大だったエンジンも（もちろん相対的にだが）パワフルで、4段ギアボックスのサードがよく伸びた。エンジンを除いてはメカニズムはスカイラインと同じだから、このショーファードリブン専用車でもギアボックスは欧州風の4段だったのである。

デビューの翌60年には小型車規格が2ℓまで拡大されたため、グロリアも5ナンバーとなった。ただしこの改訂によってベースとなったスカイラインにも1・9ℓエンジン搭載モデルが追加されたため、グロ

プリンス・グロリア（S40） 1962年

プリンス・グロリア（BLSIP） 1959年

リアの存在意義はいささかあいまいとなってしまった。

62年、初のフルモデルチェンジを機に、グロリアはスカイラインから独立した車種として生まれ変わった。拡大された5ナンバー枠いっぱいまで大きくなったボディはフラットデッキ・スタイルと名乗ったが、ウエストラインの高さでクロームのモールがボディをぐるりと一周するそのスタイリングは、シボレー・コルベアを連想させた。

60年代初頭のカーデザインにおける「コルベア・ルック」の影響はすさまじく、ドイツではBMW、NSU、VW、イタリアではフィアット、イギリスではルーツ・グループ、そして日本ではプリンスにマツダと、世界中のメーカーがこぞって倣った。

もっともプリンスの関係者によれば、グロリアのスタイリングはコルベアのデビュー以前に決定されていたという。発表されたコルベアを見てプリンスは驚き、後追いとされることを嫌って、このアイディアを破棄することまで検討したそうだ。結局は「考え方は似ていても真似ではない」ということで、当初の予定どおりに進行したそうだが。

この話の真偽はともかく、グロリアのスタイリングは悪くないと思う。コルベアとグロリアのボディサイズは車幅を除けばほぼ同じだが、前者はGMのボトムラインを支えるベーシックカーであるのに対して、後者は国産最高級車。クロームを多用したグロリアはそのポジションにふさわしい風格を備えていたからだ。また、初代スカイライン／グロリアに見られたボディプレスの甘さなどはすっかり消え失せていた。

ド・ディオン・リアアクスルをはじめレイアウトは先代から踏襲するものの、一新されたシャシーに先代と同じ1・9ℓ直4エンジンを搭載。ギアボックスはプロドライバーを中心とするユーザーの声に応えて4段から3段となったが、これまた一筋縄ではいかなかった。一般的な3段コラムシフトのシフトパターンの奥にオーバードライブギアを持つ3段＋ODという、いっぷう変わった形式となっていたのである。このあたりのこだわりは、いかにもプリンスらしかった。

デビューした年の東京モーターショーに、プリンスはこの新型グロリアのボディに新設計の直6SOHC2・5ℓエンジンを積んだモデルを参考出品して話題を呼んだが、翌63年にエンジンを2ℓに縮小し5ナンバー枠に収めたモデルが「スーパー6」の名で発売された。先進的なメーカーだったプリンスの面目躍如たる、日本初となるこの直6SOHCエンジンは、おそらくメルセデスのそれを参考にしたと思われるターンフローの4ベアリング式だった。直6ならではのスムーズさが印象的だったが、その実力を遺憾なく発揮したのは、翌64年の第2回日本グランプリのツーリングカーレースである。

グロリアの最大のライバルは前年の覇者であるクラウンで、ポルシェ904カレラGTSでGTレースを制した式場君もワークス・クラウンを駆っていた。両車を比べるとクラウンのほうが姿勢が低く足まわりが固められており、コーナーでは安定していた。しかし加速やトップスピードではグロリアのほうがはるかに勝っており、クラウンがコーナーで詰めても直線に入ると見る見る離されてしまう。
結局、テクニックの限りを尽くした式場君がなんとか3位に食い込んだものの、直4OHV1・9ℓと直6SOHC2ℓのパワーの差を痛感させられた。

5ナンバーフルサイズに直6時代を切り開いたプリンスを追ってトヨタと日産もあわてて直6SOHCエンジンの開発を進めるが、商品化されたのはスーパー6の登場から2年以上を経た後のことだった。

そうした技術的なアドバンテージを持ちながらも、グロリアはセールスでは苦戦した。トヨタや日産に比べ販売網が弱いことに加え、自慢のド・ディオン・リアアクスルの耐久性が低いという初代スカイライン以来の定評が、このクラスの大口納入先であるタクシー業界に二の足を踏ませた結果であろう。

プリンスが日産に吸収合併された翌年の67年にグロリアは2度目のフルモデルチェンジを迎え、ニッサン・グロリアとなった。縦目のデュアルヘッドライトを持つスタイリングは、皇室との長年にわたる関係からプリンスで開発されたものの、納車は合併後だったために「ニッサン・プリンス・ロイヤル」と命名された御料車のイメージを受け継いだもので「ロイヤル・ルック」と謳われた。

しかし、中身はセドリックとの部品共通化など合理化が進められた結果、初代以来の特徴だったド・ディオン・リアアクスルは廃され平凡なリーフリジッドとなり、廉価グレード用の4気筒エンジンは日産系のH20となった。直6エンジンは先代と同じ旧プリンス設計のG7型が積まれたが、これも後のマイナーチェンジで日産系のL20に替えられた。そして71年に登場した4代目からは、セドリックの内外装のごく一部を変更した、いわゆるバッジエンジニアリングによる双子車となってしまうのである。

3章 ホンダ編

ホンダ・スポーツ

時計のように精巧

最近はちょっとあやしいが、ひと昔前までは日本でエンスージアスティックなメーカーといえば、真っ先に名が上がるのがホンダだった。その理由は言うまでもなく、本田宗一郎さんという生粋のカーガイが創った会社からだ。ポルシェにフェルディナント・ポルシェが、フェラーリにエンツォ・フェラーリがいたように、ホンダには本田宗一郎がいた。

よほどのクルマ好きでもない限り、数ある日本の自動車メーカーの中で、名前と顔を思い浮かべることができる創業者は本田さんだけだろう。それだけ彼の個性と存在感は際立っていたのである。

静岡の鍛冶屋の息子に生まれ、東京の自動車修理工場の丁稚奉公からクルマ人生をスタートさせた本田さん。戦後になって本田技研（以下ホンダ）を設立し、二輪で文字通り世界を制した後、1963年に四輪市場に進出した。つまり日本の自動車メーカーの中で、最後発なのである。

その数年前に、本田さんは日本、いや世界を見渡しても自動車メーカーとしては異例の決断を下した。鈴鹿サーキットの建設である。それと前後して最初に作る四輪はスポーツカーと決め、モータースポーツの最高峰であるＦ１グランプリ参戦計画までブチ上げたのだ。

ホンダS500（AS280）1963年

これらの決定がいかにすごいことだったか。サーキットが、F1がどんなものであるか、他社はもちろん当のホンダの社内でさえ知る人間は多くなかった時代だ。今にたとえるならジェット旅客機を造ったこともない会社が、いきなりNASAに匹敵する規模の宇宙開発機関を立ち上げ、スペースシャトルを打ち上げようと広言するようなものだろう。

誇大妄想と思われても仕方がない状況だったが、それぐらい本田さんの頭の中は進んでいたのだ。そして実際に本田さんはやってのけた。1962年に鈴鹿サーキットが完成、翌63年にはスポーツカーのS500を発売、さらに翌64年にはF1へ参戦開始したのである。

S500が初めて一般公開されたのは、62年秋の東京モーターショー。色はたしか赤で、プロトタイプのみで市販されなかったS360がシルバーグレーだったと思う。これらを目の当たりにしたときの衝撃たるや、僕のクルマ人生においても並ぶものはそうない。

なにしろエンジンがすごかった。たった500cc、360に至っては当時の軽規格である360ccしかないのに、総アルミ製の水冷4気筒ＤＯＨＣ4キャブレター、クランクシャフトは組み立て式で軸受けはニードルローラーベアリングという、レーシングユニット顔負けの凝った設計だったのだ。なにしろフェラーリでさえ一部のコンペティションモデルを除けばＳＯＨＣ、ポルシェも市販車の9割以上はＯＨＶだった時代である。

小排気量のＤＯＨＣエンジンといえばフィアット・ベースのアバルトがあったが、ミニマムでも７５０cc。それと比べたら５００でも2／3、３６０なら半分にも満たない。後にヨーロッパに渡ったＳ６００のエンジンが「時計のように精巧」と評されたが、本場のエンスージアストもさぞかし驚いたことだろう。

イタリアの小メーカーの2座スポーツであるイノチェンティ９５０の影響が感じられるボディは、Ｓ３６０、５００とも基本的に同じだだが、Ｓ３６０は軽規格に収めるためリアのオーバーハングがバッサリと切り落とされていた。その後ろ姿がかわいらしかったが、結局Ｓ３６０は市販化されなかった。

セパレートフレームにそれ自体モノコックでいけそうなほどがっしりしたボディを載せ、メカニズムは複雑とあってホンダ・スポーツの車重は市販型Ｓ５００で７２５kgと重かった。おそらく３６０ccではホンダ自身が納得できる性能が得られなかったのだろう。

だが、この３６０ccエンジンは世に出た。Ｓ５００よりひと足早く63年夏に発売されたホンダの市販四輪車第1号である軽トラックのＴ３６０に搭載されたのである。ほかにエンジンがなかったからとはいえ、当時の軽の平均より5割以上も強力な30psを発生するＤＯＨＣ4キャブレターエンジンを搭載した、まさに空前絶後の軽トラだった。

そして63年秋にいよいよ市販開始されたＳ５００は、前年のショーに出展されたプロトタイプよりボディ、エンジンともにひと回り大きくされていた。価格は45万９０００円。空冷フラットツインを積んだ大衆車のパブリカが40万円前後だったことを考えれば、破格のバーゲンプライスといえるだろう。

いざ発売されたS500のタコメーターを見て、僕は度肝を抜かれた。レッドゾーンが9000回転から始まっているではないか。改めて二輪のグランプリエンジンの直系であることを思い知らされた。そのタコメーターが収められたダッシュボードのデザインは、当時本田さんが所有していたロータス・エリートによく似ていた。ついでにいうと、65年に登場したS800のフロントグリルは、初代フォード・マスタングのそれにそっくりだった。なんとなれば、マスタングも本田さんが所有していたからだ。

技術面のみならず、デザインやスタイリングに関しても陣頭指揮を執り、陰で「デザイン部長」と呼ばれていたという本田さん。所有車の模倣というダイレクトな形で、彼の好みが製品デザインに反映されていたわけである。

S500は発売からわずか3カ月後の64年初頭にマイナーチェンジを受け、エンジンがスケールアップされたS600となる。そして生産も本格化するが、販売は思うようにいかなかった。考えてみれば当然である。自家用車の普及も発展途上だというのに、2人しか乗れないスポーツカー、加えて販売網も未整備とあっては、いくら話題になり人気を集めようと、そうそう売れるわけはないのだ。

その打開策としてホンダが考えたのは、なんとレンタカーだった。今でも沖縄あたりにいくと、販売不振だったクルマがまとめてレンタカーに引き取られて使われているのを見かけるが、ホンダはレンタル車両はS600のみという「ホンダレンタカー」を設立し、全国に支店を設けたのである。

このホンダレンタカーには忘れられない思い出がある。僕は65年に今の女房と結婚したのだが、新婚旅行でS600を借りたのだ。大阪で借り、近畿や中国地方をあちこち走り回って、岡山あたりにいるときにワークスドライバーとして所属していたトヨタから連絡が入った。鈴鹿で練習するから来いというので

ホンダS600クーペ（AS285C） 1965年

ある。それで旅行を一時中断、そのままS600で鈴鹿に向かいチームに合流した。

今日の感覚ではトヨタのドライバーがホンダのレンタカーで、などということはあり得ないだろうが、当時は何の問題もなかった。それどころか、めったにない機会だからと、チームの仲間も喜んでS600に乗っていた。鈴鹿サーキットにはサーキット走行用のS600のレンタカーも用意されていたのだが、さすがにそれを借りるわけにはいかなかったのだろう。

S500／600はチェーンドライブというユニークなメカを持っていた。駆動方式はFRなのだが、最終的にはリアサスペンションのトレーリングアームを兼ねたケースに収められたチェーンで後輪を駆動するのだ。一般的なFRの後輪の位置にデフやドライブシャフトがないため、燃料タンクを前方に置けるから安全だし、トランクスペースも稼げるというのが採用された理由という。アイディアの主はもちろん本田さんで、発進時に尻がピョコンと持ち上がる独特の動きを見せた。

このチェーンドライブは、ホンダ・スポーツの最終発展型であるS800が登場して間もなく、4リンクで吊ったリジッドアクスルに換えられた。時速100マイル（160㎞／h）を謳うS800になって、ようやく対米輸出が始められたが（それまでもヨーロッパには出ていた）、複雑なメカニズムの信頼性と耐久性を不安視したアメリカ・ホンダの要望ということだった。

話をS600に戻すと、しょせんは600㏄だから絶対的な性能はたかがしれていたが、まぎれもないスポーツカーだった。快音を発してよく回るエンジン、ストロークが短くコキコキ決まるシフト、クイックなステアリング。新婚旅行で六甲を走ったときには、その楽しさに感激したものだった。もっとも、当時の日本車の常だった貧弱なブレーキに関しては、これも例外ではなかったが。

S600には少し遅れてクーペが追加された。ジャガーEタイプのようなテールゲートを備えたファストバッククーペで、ヨーロッパではロードスターより人気があったという。ホンダは、これをビジネスにも使えるクーペとして売り出した。アタッシュケースを下げたダークスーツ姿の若い男をフィーチャーした広告を展開するなどしたが、当時の日本にはその進んだコンセプトを受け入れる土壌があるわけもなく、販売はサッパリだった。

そのS600クーペの白いヤツを、僕は買った。ホンダのカタログや広告を手がけていたデザイン会社の知り合いから「売れなくて困っているから買ってやってくれ」と言われ、大幅に値引きしてくれたから買ったのだ。はっきりとした値段は憶えてないが、本来クーペの価格はロードスターより高く設定されていたにもかかわらず、ロードスターに手が届かなかった僕でも買えた金額だったのは間違いない。

しかし、ただでさえコストの割には安い値付けのクルマをさらに値引きして売ったのだから、ホンダはさぞかし儲からなかったことだろう。開発費を含めたら、赤字だったに違いない。とはいうものの、そうした損得勘定を無視した商品企画からスタートしたからこそ、ホンダはブランド神話を築き上げることができたのである。

ホンダN360

若者を熱狂させたミニカー

四輪市場に進出したとはいえ、持ち駒が2座スポーツカーとそのDOHCエンジンを流用した商用車だけとあっては、マーケットにおけるホンダの地位は脆弱だった。立場が弱かったのは社内でも同様。稼ぎ手である二輪部門から金食い虫と呼ばれ、四輪部門のスタッフは肩身の狭い思いをしていたという。

そんなホンダの四輪部門を窮地から救ったのが、1967年春に発売された軽乗用車のN360である。N360は、これまたホンダらしいユニークな製品だった。

成り立ちはSシリーズとは打って変わってシンプルで合理的だった。エンジンは二輪用をベースにした空冷並列2気筒SOHC。ホンダ伝統の高回転高出力型で、360ccから最高出力31ps／8500rpmを発生した。ホンダとしては無理のない数字だったのだろうが、20ps前後しかなかった既存の軽と比べたら驚異的な高出力だった。

その背後に抱えたギアボックスも、モーターサイクルと同じコンスタントメッシュ式（ドッグクラッチ）で、シフトレバーはシトロエン2CVのようにダッシュボードから突き出していた。早い話がパワートレーンはバイク用に強制空冷用の冷却ファン／ダクトとデフを加えただけ、と言っても過言ではなく、それで前輪を駆動した。FFの採用はホンダとしては初めてである。

ホンダN360（N360） 1967年

横置きエンジンによるＦＦ、タイヤを四隅に踏ん張った2ボックスボディというＮ３６０のコンセプトは、ミニの影響を強く感じさせた。とはいうものの、ホンダの提唱する「ＭＭ思想」（メカ・ミニマム、マン・マキシマム）を体現するための必然的な選択だったのだろう。

エクステリアを担当したデザインスタッフが後年語ったところによれば、フロントマスクはプジョー２０４、ボディサイドのプレスラインはフィアット８５０、リアビューはＡＤＯ16（ＭＧ１１００など）を参考にしたという。言われてみればなるほどと思うが、彼曰く、当時は半ドンだった土曜の午後になると都内の輸入車ディーラーを回っては、スタイリングの研究をしたのだそうだ。

ＦＦの採用、そしてスペアタイヤをエンジンルームに収めるなどスペースユーティリティを追求した結果、Ｎ３６０の室内は驚くほど広く、トランクルームの容量も十分だった。空冷エンジンはやかましかったが、意外なほどフレキシブルで、最高速度１１５㎞／ｈ、０－４００ｍ加速22・０秒というパフォーマンスは、倍以上の排気量を持つパブリカにほぼ匹敵した。

そしてN360にはもうひとつ、低価格という強力な武器があった。当初はモノグレードで、31万3000円。同程度のアクセサリーを備えたスバル360デラックスが36万5000円だったといえば、いかに安かったかがわかるだろう。

「広い、速い、安い」と三拍子揃ったN360が、売れないわけはなかった。発売3カ月後には、それまで10年近くにわたって軽のベストセラーを独占していたスバル360からその座を奪うという爆発的なヒットとなったのである。とりわけ若者の間で、N360は圧倒的な支持を受けた。

僕の知る限り、日本でこれほど若者に愛されたクルマは後にも先にもない。そもそもNより前に、若者向けと呼べるクルマはなかったのである。もちろん、若者が憧れたGTやスポーツカーはあったが、裕福な家庭の子弟ならともかく、普通の若者にとっては高嶺の花でしかなかった。

軽ならばいくらか手が届きやすかったが、元来慎ましやかなファミリーカーとして生を受けた既存の軽は、どこか所帯じみた雰囲気や分別臭さを漂わせていた。それに対してN360は、若々しくフレッシュな魅力にあふれていた。2倍3倍大きいクルマをカモれる高性能を備えながら、破格のバーゲンプライス。しかも何よりそれは、F1にも参戦して優勝歴のある「世界のホンダ」製なのだ。

となれば、若者が放っておくはずがない。ちょうど免許取得年齢に達した戦後のベビーブーマー、いわゆる団塊の世代を中心に、上は20代後半から下は当時は16歳で取得できた軽免許を持つ高校生までがN360に飛びついた。日本の若者にとって初めて等身大で付きあえるクルマだったN360は、自動車業界にユースマーケットを開拓したのである。

N360はモータリゼーションの底辺を一気に拡大したが、いっぽうではそのスポーツ性に目を付けたクルマ好きの若者たちがいた。彼らに向けて街のスピードショップや今でいうアフターパーツメーカーは、こぞってN用パーツを出した。かくいう僕もそのひとりで、レーシングメイトでは20種類ほどのスポーツキットを揃えて売り出し、大いにウケた。こうした業界にとっても、トータルなカスタムやチューニングの素材となった最初のクルマがN360だった。言い換えれば、Nの出現によって、今日につながるアフターマーケット業界の基礎が形成されたと言ってもいいだろう。

機を見るに敏なホンダは、こうした流れを追って67年秋にはN360にスポーティに装ったSタイプを加えた。ストリート発のクルマ風俗がメーカーに逆流した例も、おそらくはこれが初めてだった。

60年代の日本では、ファッションや音楽などの分野で、若者独自の価値観を反映した文化や風俗が続々と登場していた。たとえばVANのアイビールック、エレキギターのブーム、平凡パンチなど若者向け雑誌の創刊といったことだが、N360の出現もそれらと同列に語れるのではないかと思う。大げさではなく、N360は軽の革命だったのだ。

N360のヒットをきっかけに、軽自動車は再びブームを迎えた。N360に負けじとばかりにパワー競争に突入し、エンジンを強化し、派手に装ったスポーツタイプが各社から続々と投入された。経済的なファミリーカーから若者向けのパーソナルカーへと、市場の流れがシフトしたのである。

N360自身は68年には自社開発による3段自動変速機を搭載したAT、キャンバストップを備えたサンルーフ、ツインキャブユニットを積んだTシリーズといった魅力的なバリエーションを加えた。70年に受けた2度目のマイナーチェンジでは顔つきを大きく変え、車名もNⅢ360に改称。ギアボックスは一般的な4段フルシンクロに変更された。同年秋にはN360をベースにした軽初のスペシャルティカーであるZがリリースされた。テールゲートの形状から「水中メガネ」とか「テレビ」などと俗称されたハッチバッククーペだが、今度はこれに倣えとばかりに各社からクーペやハードトップが登場。ハイパワー化と並んで高級化も留まるところを知らず、クーラーをオプション設定するものまで現われた。

ベーシックなトランスポーターという軽本来の役割を忘れた不毛な競争にメーカー各社は消耗し、やがてはユーザーにもソッポを向かれてしまうことになる。その意味ではブームの仕掛け人であり、トレンドリーダーだったホンダは功罪半ばといったところだろう。

Ｎ３６０といえば70年に起きた欠陥車騒動に触れねばなるまい。アメリカのラルフ・ネーダーによるシボレー・コルベア批判に端を発した欠陥車問題が日本にも飛び火し、Ｎ３６０が槍玉に挙げられたのである。操縦安定性に重大な欠陥があり、転倒するという理由で、本田さんが未必の故意による殺人罪で東京地検に告訴される騒ぎとなった。僕の見解では、Ｎ３６０の操縦性は当時のＦＦ車の水準以上だった。ただし軽としては異例に高性能であり、ユーザーの大半はＦＦの特性に不慣れでもあった。そうしたオーナーが無理な速度で飛ばせば、転倒することもあったろう。

つまりそれはＮ３６０だからではなく、車種がなんであれ起こり得ることなのである。しかし、不幸にも上記の理由によりＮ３６０で起きたケースが多かった、ということではなかったかと思う。

結局、ドライビングミスに主因があるとの司法の判断が下され、本田さんは不起訴になった。とはいえこの騒動によるＮ３６０およびホンダのイメージダウンは大きく、ベストセラーの座からの転落につながった。もっともホンダは、この騒動の原因ともなった、自ら火をつけたハイパワー路線にいち早く見切りをつけていた。71年には静粛性に優れたバランサーシャフト付き水冷エンジンを搭載した、まろやかさが売りのライフに転換。再び軽市場をリードしたが、それから3年後の74年をもってトラックを除く軽自動車の生産から一時撤退を決めた。軽市場の冷え込み、およびシビックの大ヒットによって小型車の生産に傾注することがその理由だった。

ホンダ1300

「宗一郎イズム」の集大成

軽乗用車N360の成功によって四輪車市場に橋頭堡を築いたホンダは、次なる標的を最大の激戦区である小型車市場に定めた。そして投入されたのがホンダ1300である。

ホンダ1300が初めて一般公開されたのは、1968年の東京モーターショー。その半年ほど前から、はたしてホンダがどんなモデルを投入するのか、クルマ好きの間で話題となっていた。誰が言い出したのか知らないが、「2ℓ級のパワーと1・5ℓ級の居住性を備えながら、価格と経済性は1ℓ級」という、なんとも虫のいい前評判が囁かれていたほどだから、ユーザーは興味津々、競合メーカーは戦々恐々として動向に注目していた。

いよいよベールを脱いだホンダ1300は、カローラやサニーとコロナやブルーバードのほぼ中間サイズの4ドアセダンで、スタイリングはとりたてて特徴のない平凡なものだった。だが、横置きした空冷4気筒エンジンで前輪を駆動するというその中身は、本田宗一郎さんの「宗一郎イズム」の集大成といえた。

最初の市販四輪車であるSシリーズこそ水冷エンジンだったものの、本田さんは元来熱烈な空冷原理主義者だった。1300の発表会で「水冷だってラジエターを空気で冷やすんだから、結局は水を媒介とした空冷にすぎない。だったら最初から空冷のほうが合理的」というすごいドグマを披露していたが、彼はその主張に沿って空冷V8エンジン搭載のF1マシン、RA302を独断で作らせた。テストの結果はとても実戦に使えるマシンではなかったが、本田さんは68年のフランス・グランプリに、当時のホンダF1チームの監督だった中村良夫さんの大反対を押しきってRA302を強行出場させた。

ホンダ1300（H1300） 1969年

おそらく数カ月後に迫った１３００の発表を前に、空冷エンジンの優秀さをアピールする絶好の機会と考えたのだろう。ところがこのデビュー戦でＲＡ３０２はクラッシュして炎上、ドライバーのジョー・シュレッサーは死亡という痛ましい結果となってしまった。１３００のリリースに向けて弾みをつけるどころか、暗雲を投げかけてしまったのである。

本田さんが陣頭指揮を取って開発した１３００の特徴は、なんといってもＤＤＡＣ（デュオ・ダイナ・エア・クーリングシステム＝二重空冷）と呼ばれる特殊な空冷エンジンにあった。シリンダーとシリンダーヘッドまわりに水冷エンジンのウォータージャケットのような二重壁を設け、その間に外気をファンで圧送すると同時に、外側からも走行風で冷却するという、世界にも類を見ないものだった。しかも空冷エンジンでは特に重要なオイルによる潤滑はドライサンプという、凝りに凝った設計だったのである。

カム駆動はＤＯＨＣではなくＳＯＨＣだったが、当時のホンダ車の例に漏れず高回転・高出力型で、「77」と命名された標準のシングルキャブ版でも最高出力100ps、「99」と呼ばれるスポーティな4キャブ版では115psを誇った。当時の1・3ℓ級の代表的なモデルのブルーバード1300が72ps、世界のトップレベルであるアルファやランチアのハイパフォーマンスモデルでも100ps前後だったことを考えると、前評判に違わぬ驚異的なハイパワーである。

たしかにパワーは強力だった。自慢のDDACにより、空冷とは思えないほど静粛性にも優れてはいた。しかし、その複雑な構造のおかげでシンプルで軽量という空冷本来の特徴はどこへやら、水冷より重くてかさ張り、コストも高くつくエンジンとなってしまったのである。

重くて大きなエンジンは、操縦性にも悪影響を与えていた。重量配分がフロントヘビーのため直進安定性はいいのだが、ひどいアンダーステアなのである。前がストラット／コイル、後ろがトーションビーム／リーフという4輪独立サスペンションのセッティングが、動力性能に対して柔らかすぎることもあって、ホンダ1300のハンドリングはいただけなかった。

パワーにモノをいわせて加速すると、トルクステアでハンドルが右に取られる。それを強引に抑え込んでコーナーに入ると、FF特有のアンダーステアが強くて曲がらない。外側に膨らんでいくのを抑えようとスロットルを戻すと、今度はタックインが起き、キュっと内側を向きスピンしてしまう。さらに運が悪ければ転倒、というパターンだったのだ。

要するにクセの強いじゃじゃ馬で、明らかに「エンジンがシャシーより速い」クルマだった。当時の自動車技術では、FFとパワフルなエンジンの組み合わせは危険なクルマになりがちだった。ホンダ1300は、その典型例となってしまったのである。操縦性はともかく、動力性能はたしかに2ℓ級といっても過言ではなかった。しかし、室内はFFの割には広いとはいえず、燃費も芳しくなかった。

性能を考えればしかたがないともいえるが、空冷ゆえに効きの悪いヒーターなども含めて、実用セダンとしては、やはりバランスが悪かったと言わざるを得ない。

70年にはちょっと日本車離れしたスタイリングの2ドアクーペと独自開発した3段ATを搭載したオートマチックが追加された。2分割されたグリルに4つ目のヘッドライトを持つクーペの顔つきはポンティアック風だったが、これは例によって本田さんが当時ポンティアックを愛用していたからだろう。

その頃流行っていたドライバーを囲むようなインパネなど、なかなか魅力的なデザインだった。この頃になると、セダンも含めて初期型より若干デチューンされてはいたのだが、基本的にはじゃじゃ馬のままだった。

クーペを加えたことでセールスは上向き、一時は月販5000台を超えることもあったが、長続きはしなかった。アルミを多用したエンジンを見ればわかるようにコストはかかっていただろうから、ホンダとしては儲からなかったろう。

結論を言えば、ホンダ1300は失敗作だった。すばらしいカーガイではあるものの、自動車工学に関しては素人に近かった本田さんの良くいえば個性的、悪くいえば独善的なクルマ作りの限界だったのだ。この失敗は高く付いたが、これによってホンダのクルマ作りは大きな転換を果たすことになるのである。

シビック

欧州流の合理性を追求

ホンダというメーカーは、油断がならない。かつては「朝令暮改」とか「極端から極端に走る」などと

ホンダ・シビック（SB1） 1972年

言われたように、製品作りにおける変わり身の早さは天下一品だった。もちろんいたずらに宗旨替えするわけではなく、（少なくとも社内的には）相応の理由があっての結果ではあるのだが、１９７０年代初頭に行われた空冷エンジンから水冷エンジンへのシフトは、ホンダ史上最大の方向転換だった。

ホンダ初の量産小型車だったホンダ１３００は、その特徴であった高回転・高出力の空冷エンジンをはじめクセが強く、商業的には失敗作の烙印を押されていた。その結果、今後も空冷でいくのか、それとも水冷に転換するのかを巡って社内で大論争があったという。

空冷派の親分は、もちろん本田さんである。というか、本田さんしかいなかったのではないだろうか。なぜならエンジンの温度管理が難しい空冷では、今後厳しさを増していくであろう排ガス対策に対応できないというのが、ホンダのみならず自動車業界の総意だったからである。

ホンダでは、水冷への転換なくして未来はないという若手技術者の意見を聞いた女房役の藤沢武夫さんが、本田さんに「あなたは技術者なのか社長なのか」と迫り、「社長だ」と答えた本田さんに水冷への転換を認めさせたと伝えられている。

水冷化第1弾は、71年に発売した軽乗用車のライフ。騒音の高さから「ガチャガチャ虫」の異名を取ったN360から一転、バランサーシャフト、カム駆動にコッグドベルトを採用して静粛性を追求した水冷エンジンを搭載して好評を博した。

翌72年に登場した初代シビックは、基本的にはこのライフを拡大したようなベーシックな小型車だった。エンジン横置きのFFというレイアウトこそ変わらなかったものの、それ以外の部分については、それまでのホンダ1300とは180度異なっていた。それは後に僕が小型車の理想としてしつこく主張することになる「エンジン横置きFFのハッチバック」の、日本における先駆けとなるクルマだったのだ。

飾り気のない、コンパクトな2ボックスのスタイリングには、例によって本田さんが所有していたAD O16の影響が認められる。とはいえ、ボディの四隅にタイヤが踏ん張ったワイドで安定したプロポーションは、当時の日本では十分に目新しかった。

ホンダ党を筆頭とするクルマ好きを驚かせたのは、そのエンジンだった。コッグドベルト駆動の直4SOHC1・2ℓエンジンにはシングルキャブ仕様しかなく、パワーは標準でたったの60ps、圧縮比を高めたGL用でも69psしかなかったのだ。同じ1・2ℓのカローラやサニーが68psだったといえば、チューンの低さがわかるだろうが、リッターあたり出力はホンダ1300の77psから標準型で50psまで低下していた。

実用車として扱いやすさと経済性を重視した結果だが、それまでの高回転・高出力型からの見事なまでの転換に、戸惑いを感じた人も少なくなかったろう。しかし、全体を通してヨーロッパ流の合理的な設計思想が貫かれたシビックは、発売と同時に高い人気と評価を獲得した。既存の国産車にはない新鮮さと知的な雰囲気に魅かれ、クラウンやスカイラインといった上級車から乗り換えたユーザーさえいたほどである。その意味では、ちょうど今のプリウスに近い存在だったのかもしれない。

初代シビックには紺やダークグリーンといった渋めのカラーがあり、当初の上級版であるGLでは濃いタンのビニールレザーの内装が組み合わされていた。ダッシュボードのデザインもちょっぴりローバー風だったから、イギリス車のような雰囲気があった。

GLの下のハイデラックスはグレーのモケット張りのシートで、僕は乗るならこっちのほうがいいと思っていた。しかし当時はカーアクセサリー会社を潰してファッション雑誌の薄給編集者だったから、とても新車には手が届かなかった。

額面上は非力だったものの、中低回転域でトルクのあるエンジンと軽量ボディのコンビネーションによってシビックは活発な走りを見せた。4輪ストラットのサスペンションとラック・ピニオンのステアリングがもたらす軽快なハンドリングも評価が高かった。

そうした資質を持つシビックに、高性能モデルを求める声は少なくなかった。しかし、宗旨替えしたホンダの腰は重く、デビューから2年以上を経た74年秋になって、ツインキャブを装着して76psまでチューンしたエンジンと5段ギアボックスを備えた1200RSがようやく追加された。

RSといえば「レーシング・スポーツ」、ドイツ風に発音すれば「レン・シュポルト」の略かと思うが、ホンダによれば「ロード・セイリング」の頭文字だという。前年にオイルショックがあり、翌年には本格的な排ガス規制の実施を控えて、正面切って高性能を打ち出すことがはばかられた時代ならではの微妙なニュアンスが漂っているといえよう。

実際問題、翌75年末には50年排ガス規制の未適合車は販売できなくなることが決まっていたから、RSは登場から1年未満で生産中止されてしまう。おそらくホンダとしては、シビックのデビュー当初からRSを企画していたものの、オイルショックで発売を見合わせた。しかし、社内的にも発売中止を惜しむ声があり、いわば期間限定モデルとして出した。そんなところではなかったかと思う。

このRSの中古を、僕は買った。中古とはいえ憧れのシビック、それもスポーティバージョンとあれば大いに期待したのだが、これがまったく外れた。とにかく乗り心地が悪いのだ。ほとんどロールしないほど締め上げられたサスペンションのせいで、走っている間中ゴツゴツと突き上げがくるのである。その硬い足まわりのせいでボディと内装の建て付けが悪くなり、カタカタ、コトコトとひっきりなしに騒音と振動が襲ってくるのにも参った。ガタのきた中古だったことを割り引く必要はあるかと思うが、僕のクルマ遍歴の中でこれほど乗り心地の悪かったクルマもない。女房など「乗ると気持ち悪くなっちゃうから」と、ついに乗ろうとはしなかった。

この乗り心地の悪さは、サスペンションのホイールストロークが短く、かつ硬いことに起因する。レーシングカーならともかく、シビックのような実用車になぜと思うが、そこにはホンダなりの理由があった。N360の項に記したように、この時代、ホンダはN360の転倒事故による欠陥車問題を抱えて苦しんでいた。

これに懲りて、ひっくり返らないよう重心が低くてロールしないクルマ、すなわちトレッドが広くてサスペンションストロークが短く、かつ硬いクルマにしていたというのである。初代シビックに始まり、ホンダは90年代に入る頃までそういうクルマ作りをしていたのだから、この説にはそれなりの説得力がある。

話は前後するが、初代シビックはRSより前にAT、4ドアなどのバリエーションを追加していた。A

TはN360やホンダ1300用のような3段ではなく、新開発の2段。時代に逆行しているように思えるが、構造が簡便で低価格なのが特徴だった。そして73年冬には世界に先駆けて完成した排ガス対策エンジンであるCVCC搭載モデルを発売して話題を呼んだ。

深刻化する公害問題に対処して、提案者である上院議員の名にちなんで「マスキー法」と呼ばれる排ガス規制法がアメリカで制定されたは70年のことである。これに対し、ビッグ3をはじめとする多くの自動車メーカーは、当初「クリアすることは到底不可能」と難色を示した。しかし、二輪では世界を制したものの、四輪では国内最後発のひよっこにすぎなかった会社のボスである本田さんは、これを千載一遇のチャンスととらえたのだった。「世界中のメーカーが、ハンデなしに一斉にスタートするレースなんて、めったにあるもんじゃない」というわけである。

そして実際にホンダは72年、世界で初めてマスキー法をクリアしたCVCCエンジンを発表して注目を集め、環境性能という新たな次元においても技術力の高さを証明して見せた。CVCCは副燃焼室を設けることによって希薄燃焼を可能にしたエンジンで、触媒などの後処理が不要なのが特徴だった。

その後ホンダを除いたメーカーは触媒を基本として排ガス浄化システムを採用、触媒技術の進歩によってやがてはホンダ自身もCVCCから触媒に転換してしまう。しかし、CVCCによってホンダのブランドイメージ、ことに北米におけるそれは大いに高まったことは間違いない。

四輪車市場への進出から約10年、シビックの成功によって、ホンダは国内のみならずアメリカをはじめとする海外も含めたマーケットに確固たる基盤を築いた。そして「四輪も作る二輪メーカー」から「本格的な自動車メーカー」として自他共に認める存在となり得たのだった。

4章 マツダ／三菱編

マツダR360クーペ／キャロル

小さな高級車

戦前からオート三輪で知られたマツダ（当時の社名は東洋工業）は、1960年に軽のR360クーペで乗用車市場に参入した。法規上は4人乗りだが、後席は実質的には＋2で子供用だった。この割り切りといい、グラスエリアの大きいボディといい、戦後のヨーロッパで流行ったマイクロカーに近いものがあるが、スタイリングを手がけたのは小杉二郎さんという工業デザイナーだった。

小杉さんは僕が尊敬するデザイナーのひとりで、50年代から60年代初頭にかけてのマツダのオート三輪や軽自動車は彼の手になるものである。彼の作品はどれもいいが、中でも僕がいちばん好きなのはK360という軽三輪トラックだ。ピンクとクリームのツートーンなどで塗られたモダーンなボディは、軽トラとは思えないほどしゃれていた。

話をR360クーペに戻すと、かわいらしい姿に似合わず中身はなかなか凝っていた。リアに置かれた4ストローク空冷V型2気筒エンジンはアルミ製で、一部にはマグネシウムも使われていた。なぜそんな贅沢をしたかといえば軽量化のためで、ほかにもサイドとリアのウィンドウをアクリル製にするなどした結果、380kgという車重は軽量設計では定評のあったスバル360よりもさらに5kg軽かった。

マツダR360クーペ（KRBB/C）1960年

ＲＲだからサスペンションは必然的に４輪独立だが、トーションラバースプリングを使って簡便さと乗り心地を両立していた。またギアボックスは通常の４段のほかにトルクコンバーターを使った軽としては初のオートマチックも用意されていた。このＡＴ仕様には、翌61年にハンディキャッパー向けにアクセル／ブレーキを兼用の手動レバーとしたモデルも加えられた。意外といっては失礼だが、マツダは半世紀近くも前に、今でいうところの福祉車両をラインナップしていたのだ。

もちろん日本初だが、ついでに言うとマツダにはほかにもあまり知られていない日本初がある。それがなにかというと、２枚のガラスの間にフィルムを挟み、割れた際にも破片が飛び散らず視界を確保する安全合わせガラスである。フロントのウインドシールドへの採用が日本で義務化されたのは１９８５年で、それ以前はコストの安い強化ガラスが使われることが多かった。

ところがマツダだけは50年代のオート三輪から合わせガラスを採用しており、重量とコストの面で不利になるのを承知でＲ３６０クーペにも使っていた。安全性に対

マツダ・キャロル（KPDA） 1963年

するひとつの見識として、評価されるべきことだろう。

にもかかわらず、R360クーペの価格はスバル360より10万円近くも安い30万円で、これより安いプライスタグを提げた国産乗用車は、後にも先にもなかったと思う。しかし、低価格のわりには販売は伸び悩んだ。軽は2人乗れれば十分とマツダは考えたものの、マーケットは4人乗りを求めていたのである。

この声に対するマツダの反応は素早く、62年には当初から4人乗りで企画されたキャロルがリリースされた。これもスタイリングは小杉さんで、フォード・アングリアに範を取ったと思しきクリフカットが特徴だった。リアウィンドウを後方に向かって逆に傾斜させているのだが、ヘッドルームを確保するには有効だった。

レイアウトはR360クーペ同様のRRだったが、これまた凝った設計だった。エンジンは総アルミ製の水冷4気筒で、OHVながらバルブ配置はクロスフローのヘミヘッド、クランクシャフトは5ベアリング支持という、当時の日本では上級車にも見られなかった高級な機構を備えていたのである。

しかし、この凝った設計が災いして、アルミをふんだんに使ったにもかかわらず、車重はR360クーペより大人2人分以上も重い525kgとなってしまった。結果として、いくらアクセルを踏んづけても、後ろでエンジンがピーピーと泣き叫ぶばかりで、いっこうに前に進んではくれなかった。

言ってみれば「小さな高級車」だったキャロルは、翌63年に潜り戸のように小さな4枚のドアを持つ4ドアセダンを追加してまたもや驚かせてくれた。クロームのモールで飾り立て、リアウィンドウにレースのカーテンまで吊るしたキャロルの4ドアデラックスは、なんとも物欲しげで貧乏臭いクルマに映った。だが、それは当時の日本人の多くがマイカーに求めるものを体現した姿だった。その証拠にキャロルはスバル360に次ぐセールスを記録し、スバルと共に最初の軽ブームの牽引役を務めたのである。

1967年に登場したホンダN360を起爆剤として軽は再びブームを迎え、続々と投入されたニューモデルがパワーウォーズを繰り広げた。キャロルだけがひとり蚊帳の外で、昔の姿のまま細々と作り続けられていたが、その裏でマツダは一発大逆転を狙った企画を密かに進めていた。社運を懸けて開発した軽量コンパクトで、パワフルかつスムーズなロータリーエンジンを積んだキャロル・ロータリーだ。

マツダでは1ローター360ccエンジンを積んだモデルを試作し、運輸省（現国土交通省）に型式申請を行ったが、認可されなかった。運輸省は当時FIAがロータリーエンジン搭載車がモータースポーツに参加する際に適用していた「排気量はレシプロの2倍に換算」という規定を盾に、キャロル・ロータリーは軽規格をはみ出すとの論理からマツダの申請を退けたという。巷では、群を抜いて高性能なキャロル・ロータリーの出現を脅威とみた他社の意向を汲んでの裁定ではないかと噂されていた。いっぽうでは、1ローターエンジンの振動対策に苦慮するなど、マツダ自身にも製品化に至らなかった理由があるという説も耳にしたが、真偽のほどは不明である。

キャロル・ロータリーの中止で軽乗用車市場からの一時撤退を余儀なくされたマツダは、72年になって本来ロータリー搭載車として開発された車体に軽トラック用の水冷2ストローク2気筒エンジンを積み、シャンテの名で発売した。だが評判は芳しくなく、軽ブームの衰退もあってパッとしないままやがてフェードアウト。マツダが軽乗用車市場に復帰するのは、それから10年以上を経てからのことだった。

マツダ・ファミリア／ルーチェ

レシプロエンジンも進歩的

R360クーペとキャロルという軽で乗用車部門に進出を果たしたマツダの、次なる標的は小型車市場だった。参入にあたっては、マツダは慎重な方法をとった。1963年秋にファミリアと名乗る800cc級の4ナンバーの商用バンをデビューさせ、半年後にそれを5ナンバーに改めたワゴンを追加した。さらに半年後、つまり誕生から1年を経た64年秋になってようやく4ドアセダンが加えられたのだった。

勝手知ったる商用車市場で反応を見てからというわけだが、ひと足先にまったく同じやり方で乗用車市場に参入した前例があった。マツダ同様オート三輪から出発し、マツダとは戦前からライバル関係にあったダイハツのコンパーノである。しかもファミリアとコンパーノは同じ800ccで、市場ではガチンコのライバルとなったのだから、おもしろい。

ファミリアはこのクラスでは珍しく、当初は4ドアのみだったが、後に2ドアも加えられた。スタイリングは60年に登場し、世界中にフォロワーを生んだシボレー・コルベアに倣ったものだが、それなりにまとまっていた。レイアウトはオーソドックスなFRで、800ccのエンジンはキャロル用から発展した直

マツダ・ファミリア（SPB） 1967年

マツダ・ファミリア（SSA） 1964年

４ＯＨＶヘミヘッドという進歩的な設計である。アルミを多用していることから「白いエンジン」を標榜していた。

翌65年には2ドアクーペが加えられたが、エンジンは１ℓに拡大されると同時にＳＯＨＣ化されていた。ＳＯＨＣヘミヘッドの直４エンジンというと、スカイライン１５００に積まれたＧ15型が有名だが、世に出たのはこのファミリア・クーペのほうが2年近く早かった。

ロータリーの陰に隠れて語られる機会は少ないが、じつはレシプロエンジンの開発でも、マツダはけっこう進んでいたのである。

サニー、カローラという新世代のライバルに対抗して１ℓエンジン搭載車を加えた後、67年秋にファミリアはフルモデルチェンジした。ドイツ・フォードのタウナス風に衣替えした2代目には、新たに「オリジナル」という最廉価グレードが設定されていた。これは光り物をいっさい省き、ホイールも黒塗りのキャップレスという簡素なボディに、ラジオやヒーターはもちろんのこと、フロアマットやその下の防音材すらないという徹底したないないづくしのモデルで、価格は2ドアで36万８０００円とメチャメチャに安かった。

あとはご自分の好みでどうぞというわけだが、僕のやっていたレーシングメイトのようなカーアクセサリーの会社にはかっこうのベース車だった。さっそく買って、満艦飾のデモカーを仕立てた憶えがある。

さらにはライバルに先駆けてひとまわり大きな１２００を加えるなどしたこの２代目ファミリアは、よく売れた。大衆車市場ではカローラ、サニーに次ぐ３番手で、一時はコンスタントに月販７、８０００台を売ったのだから、たいしたものだ。

その後もＳＯＨＣエンジンへの換装やボディの拡幅といった改良を加えられながら、この２代目ファミリアは10年近くも長生きした。当然ながら商品力は低下していたが、より利益率の高い上級車の開発で手が回らなかったがために、孝行息子のファミリアは放っておかれたのである。

ファミリア発売より遡ること1年、１９６３年の東京モーターショーにマツダは1台のプロトタイプを出展した。イタリアのカロッツェリア・ベルトーネが手がけたボディを持つブルーバード級の4ドアセダンで、車名はルーチェ。実際にスタイリングを担当したのは当時ベルトーネのチーフデザイナーだったジョルジェット・ジウジアーロだった。

これはプロトタイプのみで終わったが、それから2年後の65年のショーに、車名は同じルーチェのままながら、ひとまわり大きく、まったく新しいボディをまとったモデルが出展され、翌66年に発売された。このルーチェを初めて見たとき、日本車離れしたワイド&ローなプロポーションと、美しく繊細なスタイリングに目を見張った。デザインはプロトタイプと同じくベルトーネ時代のジウジアーロで、数多い彼の作品の中でも、もっとも優美なセダンではないかと思う。

１・５ℓ級としては初となるＳＯＨＣクロスフローを採用したエンジンを除けば、ルーチェの成り立ち

マツダ・ルーチェ（SUA） 1966年

はごくオーソドックスだった。だがボディは既存の1・5ℓ級より大きく、とくに車幅は1630㎜もあり、サイドにも曲面ガラスを採用したことも相まって室内幅は確保されていた。それを武器に、ルーチェは1・5ℓ級で唯一の6人乗りをセールスポイントとしたのである。

美しい姿に似つかわしくない、いかにも日本的なすし詰めの発想だが、マツダのフラッグシップということもあって広さをアピールしたのだろうか。しばらくしてローレルやコロナ・マークⅡといったインターミディエートともいうべき1・8ℓ級のモデルが登場すると、ルーチェも遅ればせながら本来のボディサイズにふさわしいエンジンを積んだ1800シリーズを追加する。

その後は変更を加えられることもなく細々と作り続けられていたが、アメリカ車を縮小したような装飾過多なデザインが横行する中で、ルーチェは一服の清涼剤のような存在だった。しかし、72年にようやく世代交代を迎え登場した2代目ルーチェは、車名こそ受け継いだものの、あろうことかひときわアクの強いアメリカンな風貌に180度変身してしまうのである。

マツダ・ロータリー車（コスモスポーツ～2代目ルーチェ）

世界へ飛躍するためのアイデンティティ

オート三輪から始まった地方の商用車メーカーにすぎなかったマツダが、乗用車市場に進出するにあたってのいちばんの懸念は、自らのブランドイメージだった。なにしろオート三輪といえば、「バタンコ」と呼ばれていた代物である。高性能や高級感、スタイリッシュなイメージとはほど遠く、これを覆すには強力な何かが必要だった。

そんなマツダの前に現われたのが、ドイツのＮＳＵとフェリックス・バンケル博士が共同開発したロータリーエンジンである。マツダの技術的シンボルとなり、世界に飛躍するためのパスポートとなり得るのはこれしかないと確信したマツダは、いちはやく技術提携を結び、１９６1年に開発を開始した。

開発リーダーに任命されたのは、後に「ロータリーの父」と呼ばれ、マツダの5代目社長も務めた山本健一さん。山本さんは東大出身で、戦中は海軍の航空機エンジニアだったにもかかわらず、入社当初は開発部門への配属希望が叶わず、組立工としてキャリアをスタートさせたという変わった経歴の持ち主である。自動車メーカー多しといえども、組立工から叩き上げて社長まで登り詰めたのは、おそらく彼だけだろう。実用化に至るまでの、彼を中心とした開発陣の苦闘については、今では広く知られることとなった。その苦労の結実が、67年に発売された世界初の2ローター・ロータリーエンジン搭載車となるコスモスポーツである。

ロータリーのイメージリーダーとしての役目を担ったコスモスポーツだが、ベールを脱いだのは64年の東京モーターショーだから、見た目に関しては発売された時点ですでに新味は乏しかった。このスタイリ

マツダ・コスモスポーツ（L10A） 1967年

ングを「車名にふさわしく未来的」などと褒めあげる声もあるが、僕はちっともいいとは思わない。

ライトカバーを持つ顔つきはヨーロッパのスポーツカー風なのだが、後ろから見ると50年代のアメリカで盛んに作られたSFチックなドリームカー（スタイリング実験車）風で、どうにもちぐはぐな感じだ。長いオーバーハングもスポーツカーらしい軽快さに欠けるし、ホイールオープニングの形状も妙だった。

スタイルは気に入らなかったものの、その走りは十分にインパクトがあった。コスモスポーツは発売前に数十台の増加試作車をディーラーに送ってティーザーキャンペーンのようなことを実施していたのだが、関東マツダの重役に勧められてそのうちの1台に試乗したのである。たしか行き先は富士スピードウェイだったと思う。491cc×2の2ローターエンジンは、低回転域のトルクは不足気味だったものの、ビーン、ビーンという音を発しながら、まるで際限がないように回っていく。

モーターのようにスムーズな不思議な感覚に驚き、オーバーレブさせてしまうのではと思ったときには相

マツダ・ファミリア・ロータリークーペ（M10A） 1968年

当な速度に達していた。そして返却する際にガソリンを満タンにして、大食いなことにもまたまた驚いた。

コスモスポーツによって、ロータリーエンジンビルダーとしてその名を一躍世界に轟かせたマツダは、次のステップとしてロータリーの普及を計画した。モータリゼーションになぞらえて「ロータリゼーション」と呼んだそのプランの第1弾がファミリア・ロータリークーペで、68年に発売された。

すべてが専用設計だったコスモスポーツは148万円という高価格だったが、2代目ファミリアの2ドアクーペボディに、デチューンしたコスモスポーツ用の10A型エンジンを搭載したロータリークーペは、半額以下の70万円。しかしパフォーマンスは半分どころか、勝るとも劣らなかった。なんとなれば、車重がコスモの940kgに対して805kgしかなかったからだ。ボディ形状の関係で最高速はコスモに分があるものの、加速性能についてはロータリークーペのほうが、少なくとも体感上は速かった。

当時マツダが掲げていたロータリーのキャッチフ

マツダ・カペラ・ロータリー（S122A）
1970年

マツダ・ルーチェ・ロータリークーペ
（M13P/R）1969年

レーズは「走るというより飛ぶ感じ」だったが、このファミリア・ロータリークーペで高速を走ると、まさにそのままどこかへすっ飛んでいってしまいそうだった。速さはそれこそべらぼうで、フルスケール２００㎞／ｈのメーターを振りきりそうな勢いなのに、足まわりは平凡な大衆車であるファミリアのそれを締め上げただけで、タイヤもバイアスのままだから、フラフラと頼りない。前輪ブレーキはディスクに替えられていたが、明らかに力不足だった。要するに「安い、速い、危ない」クルマだったのである。

ファミリアに次いで69年には、上級車種のルーチェにもロータリークーペが加えられた。こちらはファミリアと違って、ルーチェの名とスタイリングイメージは受け継ぐものの、エンジンをはじめすべてが専用設計されたフラッグシップだった。

日本で初めて三角窓を廃したフルオープンの２ドアハードトップボディに、結果的にこのモデルにしか積まれなかった13Ａ型というひとまわりローター径の大きいエンジンを搭載。駆動方式はマツダ初のＦＦ、サスペンションも軽を除いては初の4輪独立という意欲作である。パワーステアリングやパワーウィンドウ、クーラーなどを標準装備した上級グレードのスーパーデラックスは175万円というコスモスポーツを上回る高価格車で、街中ではほとんどお目にかかることがなかった。

翌70年には、企画段階からロータリーエンジン搭載を想定した初の実用車という触れ込みの新車種、カペラが登場する。マツダとしては初めてコロナやブルーバードに正面からぶつかるミディアムクラスのモデルで、レシプロとの2本立てだった。

ローターハウジングの幅を広げ573cc×2とした12A型エンジンを積んだカペラも、これまた速いクルマだった。リアサスペンションがリーフリジッドから、固定式のままながらパナールロッドで位置決めした4リンク／コイルに格上げされたおかげで、操縦安定性もファミリアより大幅に改善されていた。

社運を賭したロータリーが当たって、右肩上がりで成長を続けていたマツダは、さらに71年にロータリゼーションの本命ともいうべきニューモデルをデビューさせた。サバンナと名乗る新型はファミリアとカペラの中間サイズで、ボディを共有するレシプロ版のグランドファミリアとは異なる車名と顔つきが与えられていた。

アメリカのマッスルカーを縮小したような、ゴテゴテと飾り付けたボディの中身もファミリアとカペラの混血というべきもので、10A型エンジンはじめパワートレーンは基本的にファミリアからのキャリーオーバーだった。ボディは大きく、重くなっていたから、性能的にはファミリア・ロータリーよりむしろ遅くなっていた。

このサバンナの名を一躍高めたのは、ツーリングカーレースにおける活躍である。70年代初頭、ツーリングカーの王者に君臨していたスカイラインGT-Rに、マツダワークスはファミリア、次いでカペラで

マツダ・サバンナGT（S124A） 1972年

挑んだが、壁は厚かった。そこで最終兵器として送り込んだのが、輸出名称RX3こと、サバンナのボディにカペラ用の12A型エンジンを移植したモデルである。

パワーウェイトレシオで勝るRX3は、4独サスでロードホールディングは優れているものの、ボディはひとまわり大きく重く、エンジンのチューニングにも限界がきていたGT-Rをついに撃破する。

マツダはさっそく12Aに5段ギアボックスを備えたロードゴーイング版をサバンナGTの名で72年に追加し、走り屋たちの絶大な支持を受けた。中古市場に出回るようになってからは「暴走族御用達」の趣すらあったほどである。

続いて同年にはサバンナをさらにアグレッシブにしたようなルックスの2代目ルーチェをリリースするが、あとから思えばこの時点がロータリゼーションの頂点だった。

翌73年に勃発した石油危機によって、ロータリーエンジンを取り巻く状況は一変した。それまでは性能を考えれば大目に見られていた燃料消費の多さが、致命的な欠点として槍玉に挙げられたのだ。つい昨日まで、もっとも現実的な近未来のパワーユニットとして研究開発に勤しんでいた世界中のメーカーは、一斉にロータリーから手を引いた。

社運を懸けたロータリーをアイデンティティとしていたマツダは、たちまち窮地に追い込まれてしまったのである。

三菱500／ミニカ／コルト／デボネア

質実剛健なクルマづくり

戦後はバスとトラックに始まり、スクーターやオート三輪、そしてウィリスのライセンスによるジープなどを生産していた三菱初のオリジナル乗用車が、1960年に登場した三菱500である。スバル360やパブリカなどと同様に、政府の国民車構想に対する回答として作られたモデルで、2ドアのモノコックボディのリアに空冷2気筒OHV500ccエンジンを積んだRRセダンだった。

当時の三菱らしく生真面目で丁寧に作られたクルマだったが、裏を返せば華がなかった。加えて初めての乗用車とあって販売ノウハウの蓄積もなかったため、セールスは伸び悩んだ。

その対策のひとつとして、三菱は学生アルバイトを使って見込み客の開発と同時にマーケティングを実施した。

その学生バイトの中に、大学3年だった僕がいたのである。期間は3カ月、日当は高くはなかったが、デモカーの三菱500を自由に乗り回していいという条件が、金を払ってでもクルマに乗りたい身には魅力で、一も二もなく飛びついたのだった。

三菱500　1960年

僕は浅草橋にあった東京菱和自動車という販売会社に回されたのだが、そこには三菱５００を作っていた新三菱重工のエリート社員が何人も出向してきており、ちっぽけな５００のセールスをやっていた。僕の仕事はリストに記された訪問先を三菱５００で訪ね、クルマに関するアンケートを行うというものだ。

それで先方が三菱５００に興味を持ったら、セールスマンが出向いていくというわけで、早い話が彼らの手下である。

三菱５００のフィーリングは同じＲＲのスバル３６０によく似ていたが、エンジンのキャパシティが１４０cc大きく、しかも４ストロークだったから、スバルよりトルクがあって乗りやすかった。惜しむらくはギアボックスが３段だったこと。スバルも同じだったが、４段だったらもっと活発に走れるのに、と思ったものだった。

それよりも残念だったのは、地味なルックスである。ドイツのロイトを参考にしたと思われるスタイリングは、今見るとシンプルで悪くないのだが、当時は貧乏たらしく見えた。もっともこれは僕ひとりの印象ではなく、

三菱ミニカ（LA20）　1962年

実際にスタイリングは三菱５００の不振の大きな理由だったのだ。
　こづかい稼ぎもさることながら、自動車のマーケティングに対する興味もあってこのアルバイトに勤しんでいた僕は、しばらくすると東大卒の重工のエリート社員に図々しくも開発担当の技術者に会わせてくれないかと頼んだ。すると彼は、さっそく機会を設けてくれたのである。
　身の程知らずの田舎者だった僕は、その場で技術者に試乗リポートを進呈し、いくつか改良の提案をした。思い返せばこれだけでも慚愧に堪えないが、ダメ押しとばかりに当時心酔していたピニンファリーナ風と自分では思っていた、ヘタクソな絵を描いてスタイリングのプレゼンまで一生懸命やってしまったのである。
　僕の生涯の中でも、もっとも恥ずかしい経験のひとつだが、当時は真剣だった。いっぽう三菱のエンジニアも、二十歳そこそこのど素人の話を真面目に聞いてくれた。僕も若かったが、三菱のクルマ作りも若くて純粋だったということなのだろう。

三菱コルト1000（A20） 1963年

62年には、初の軽乗用車であるミニカをリリースする。既存の軽ライトバンのドアから後ろをセダンに改めたもので、エンジンは空冷2ストローク2気筒、駆動方式はオーソドックスなFRだった。

短いノッチにテールフィンらしきものを生やした珍妙なスタイリングで、軽で唯一独立したトランクルームを備えていたことを除いては、特徴らしい特徴のない地味な存在だった。

エンジンといい、駆動方式といい、スタイリングといい、先行していた三菱５００とまったくつながりがないのが不思議といえば不思議である。だが、それもそのはずで、三菱５００はスクーターやジープなどを生産していた名古屋製作所、いっぽうミニカはオート三輪が中心だった岡山の水島製作所と、両車は異なる拠点で開発・生産されていたのだ。

三菱５００を化粧直ししたコルト６００を経て、63年にはコルト１０００が登場する。弁当箱のような四角いボディに水冷直４ＯＨＶエンジンを積み、後輪を駆動するオーソドックスな４ドアセダンである。謹厳実直なサ

三菱デボネア（A30） 1964年

ラリーマンに似合いそうなおもしろみのないモデルだったが、性能はそこそこ、ちょうど1ℓ級に目ぼしいライバルが不在だったこともあって、まずまずの成功を収めた。

翌64年には、元GMのデザイナーであるブレッツナーが手がけたという、まるでリンカーン・コンチネンタルを5ナンバーサイズに縮小したかのような角張ったボディに、直6OHV2ℓエンジンを積んだフラッグシップのデボネアがデビュー。ミニカ、コルト600、同1000、そしてこのデボネアと、三菱は乗用車市場に進出してからわずか5年以内に、間隔こそ大きいもののフルラインを揃えた。

翌65年には、それまでの堅実な三菱車とはいささか毛色の変わったモデルが登場する。水島製作所で作られたコルト800で、日本初と謳ったファストバックスタイルの2ドアボディに、水冷2ストローク3気筒エンジンを積んでいた。

そのエンジンは現在のアウディのルーツであるDKW／アウトウニオンに範を取ったもので、スタイリング

三菱コルト800（A800） 1965年

にもアウトウニオン１０００ＳＰの影響が窺えた。

しかし駆動方式はＤＫＷ／アウトウニオンの特徴であるＦＦではなく、ＦＲだった。未経験だったＦＦの信頼性に対する不安に加えて、バリエーションとしてバンやトラックまで作らなければならないことから、ＦＦは採用されなかったのだろう。

しかし、発売されると2ストローク特有の白煙と多めの燃料消費が不評で、1年後には直４ＯＨＶ１ℓに積み替えたコルト１０００Ｆ（Ｆはファストバックの略）に取って代わられた。

その後もカローラやサニーの陰にひっそりと存在していたコルト・ファストバックだが、テールゲートを備えた3ドアが途中から加えられたのは記しておくべきかもしれない。次いで4ドアも追加され、60年代の日本では珍しく1車種に2、3、4ドアを揃えていたのだ。

珍しいといえば、68年に登場したコルト１000の発展版であるコルト1２００／１５００は、日本初のチルトステアリングを備えていた。まあ、逆をいえば当時の三菱車は、それぐらいしかトピックがなかったのだが。

三菱ミニカ'70／コルト・ギャラン

グループ専用車からの脱却

軽のミニカから5ナンバーフルサイズのデボネアまでフルラインナップを揃えていたとはいうものの、1960年代の三菱車にはどこか官給品というか、三菱グループ専用車のような雰囲気が漂っていた。たとえばミニカは三菱銀行の営業車、コルトはグループ各社の社員のファミリーカーといった具合である。フラッグシップのデボネアともなれば、けっして冗談では済まなかった。実際にグループの重役専用車としての需要だけで22年の長きにわたって基本的な変更なしに作り続けられたのだから、まるで旧ソ連のジルやチャイカみたいなものである。そんな三菱に変革が訪れたのは、重工から独立して三菱自動車工業が発足する前年の1969年のことだった。

最初に登場したのが、ミニカ'70と名乗る2代目ミニカである。空冷または水冷2ストローク2気筒エンジンによるFRという基本レイアウトこそ先代から踏襲するものの、一新されたボディは軽初となる3ドアハッチバックだった。ホンダN360に始まるハイパワー化に対応して高性能グレードも用意され、広告展開も若者向けとなるなど、一気にアップデートされていた。

次いで三菱初のティーザーキャンペーンの後にデビューしたコルト・ギャランは、僕にとって三菱500以来、初めて強く存在を意識した三菱車だった。おそらく同じように感じたクルマ好きも少なくなかったのではないいだろうか。

ギャランはよく言えば質実剛健、悪く言えば武骨で野暮な官給品というそれまでの三菱車のイメージから完全に脱却した、初の本格的な民生向けモデルと言っても過言ではなかったのである。

三菱ミニカ'70（A100） 1969年

ギャランはブルーバードくらいの4ドアセダンで、ジウジアーロの息がかかったウェッジシェイプのスタイリングは、三菱の作とはにわかに信じがたいほどシャープでアカ抜けていた。サターンと命名された新開発のエンジンは、三菱初となる直4SOHCクロスフローで、1・3ℓと1・5ℓが用意されていた。吹け上がりが軽快でよく回り、それでいてロングストロークだから中低速域の粘りもあって扱いやすく、やや剛性が弱かったが軽量なボディを力強く走らせた。

サスペンションは前がストラット／コイルの独立、後ろがリーフリジッドと平凡だったが、ハンドリングはなかなかスポーティだった。当初の最強グレードは1・5ℓツインキャブエンジンを積んだAⅡGSだったが、マイ・フェイバリットは1・3ℓシングルキャブエンジンとやや硬めの足まわりを持つAⅠスポーツだった。シャシーとエンジンパワーのバランスが絶妙で、当時の国産車中におけるベストハンドリングカーだったと思う。

そんなギャランにも、ひとつだけ弱点があった。箱根ターンパイクあたりをカッ飛ばしていると、ディファレ

三菱コルト・ギャラン（A50）　1969年

ンシャルがイカれてしまうのだ。それを自動車専門誌に書いたところ、三菱から連絡がきた。エンジニアを同乗させて、そのときの様子を再現してくれないかというのである。

二つ返事で引き受けた僕は、エンジニア氏を乗せてターンパイクを数回上下した。すると彼は「原因はわかりました。すぐ対策します」と言って、デフが壊れた理由を説明してくれた。

ギャランのデフには左右の隔壁がなかったので、コーナリングで強い横Gがかかると、デフケースの中でオイルが左右どちらかに偏心してしまう。すると片側のギアはオイルが抜けた状態になり、そこに力が加わったためギアが壊れてしまったというのである。

彼の言ったとおり、ギャランのデフには隔壁が入れられ、問題は解決した。半人前の自動車評論家の意見にも素直に耳を傾け、それが正しいと思えばすぐに採り入れ対策する。三菱の真面目さは、学生だった僕が生意気にもエンジニアに意見した三菱５００のときとちっとも変わっていなかった。

三菱コルト・ギャランGTO（A53C） 1970年

近年、三菱の大規模なリコール隠しが発覚した際に真っ先に思い出したのは、60年代に僕が身を持って体験したこれらの出来事だった。「真面目だったあの三菱が……」と複雑な思いにとらわれたのである。

三菱はこのギャランをベースに2種類のスペシャルティクーペを作った。

最初に出たのは大きいほうのギャランＧＴＯで、デビューは１９７０年。ＧＴＯとはＧＴオモロガート（イタリア語でホモロゲーションの意味）、つまり「ＧＴとして承認された」という意味で、元祖はフェラーリ２５０ＧＴＯだ。

フェラーリ史上もっとも有名かつ高価な1台であるこれは、実際にＧＴとしてレースに出場するために作られたモデルだった。ハナからレースに出るつもりなどないのに、この名前の持つスポーティなイメージをちゃっかりいただいたのが、アメリカのポンティアックＧＴＯである。さらにそこから孫引きしたと思われるのが、このギャランＧＴＯだった。

三菱がダックテールと呼んだ、後端が反り上がった

三菱ギャラン・クーペFTO（A61） 1971年

テールが特徴的なスタイリングの元ネタは、たぶんフォード・マスタングのファストバックだ。いっぽう2分割されたグリルを持つマスクはポンティアックGTO風だった。妙といえば妙だが、全体としてはアメリカのマッスルカーを縮小したような派手でわかりやすいルックスで、若者の間で人気を得た。

エンジンは1・6ℓのサターンで、最強モデルのMRには三菱初のDOHCエンジンと5段MTが搭載されており、速かった。だが僕にとってベストなGTOは、後年になって追加された、アストロンことバランスシャフト付きのSOHC2ℓを積んだ2000GSRだった。シャシーも改良されていたし、何よりエンジンがトルクフルだった。「排気量に勝るチューンなし」というのがクルマのエンジンにおける不文律だが、これはその典型だった。

翌71年には、GTOの弟分にあたるギャランFTOが登場した。車名の由来は、イタリア語でなんたらと三菱ではアナウンスしていたが、想像するにアルファベットでGの前がFだから付けただけであって、公表された由来は後付けに違いないと思う。

ネーミングはさておき、ＦＴＯはいっぷう変わったクルマだった。ショートホイールベース、ワイドトレッドで、当時の日本車としては異例に縦横比が幅広だったのである。

当初のエンジンはなぜか自慢のサターンではなく、ネプチューンと呼ばれる、旧コルト系から発展した直４ＯＨＶ１・４ℓだった。これが不評でやがてサターンに換装されるが、その際に当時流行りのオーバーフェンダーで武装したボディに、１・６ℓツインキャブユニットと５段ＭＴを積んだ最強モデルの１６００ＧＳＲが加えられた。

これは速いクルマで、ＳＯＨＣエンジンながらＤＯＨＣ１・６ℓを積んだＴＥ27ことカローラ・レビン／スプリンター・トレノと比べても遜色ない走りを見せた。とはいうものの、モータースポーツで活躍することはなかったので、ＴＥ27のように伝説とはなり得ず、残存台数も圧倒的に少ない。しかし、その走りの遺伝子はランサーに受け継がれ、ラリーで大成功を収めることになるのである。

5章 いすゞ／スバル／ダイハツ／日野ルノー／スズキ編

いすゞヒルマン／ベレル

上品さが売りだったのだが

戦前からの歴史を持ち、戦後は大型トラック、バスの専門メーカーだったいすゞが、乗用車部門に進出したのは1953年のことだ。イギリスのルーツ・グループと技術提携を結び、同社の代表的なモデルだった小型サルーン、ヒルマン・ミンクスのライセンス生産を開始したのである。

僕が大学2年のときに、アルバイトで稼いだなけなしの金をはたいて買ったのが、このヒルマン・ミンクスだった。もっとも僕のはいすゞが組み立てたクルマではなく、生粋の英国製である52年式だった。それが唯一の自慢だったが、クルマ自体はひどいポンコツで、ありとあらゆるところが壊れた。だましだまし1年半ほど乗ったあげく燃料漏れでエンジンルームから出火、全焼という悲劇的な最期を遂げた。

それはともかく、いすゞ製ヒルマンは56年に本国版を追ってフルモデルチェンジし、格段にスマートになった。当時はアメリカ車が世界のスタイリングリーダーだったから、欧州車もツートーンカラーやテールフィンといった米車の流行を採り入れたものが少なくなかった。

中でもヒルマン・ミンクスはその傾向が強かった。なぜかといえば、僕の乗っていた先代もこの新型も、スタイリングを手がけたのが、かのレイモンド・ローウィだったからだ。

ヒルマン・ミンクス（PH100） 1957年

「口紅から機関車まで」のキャッチフレーズで知られるローウィは、アメリカのスチュードベーカーをデザインしていたが、そのスチュードベーカーと新型ヒルマン・ミンクスは、よく似ていたのである。

見た目はそうでも、運転してみるとヒルマンはまぎれもないヨーロッパ車だった。エンジンはスペックこそ平凡な直４ＯＨＶ１・４ℓ（後に１・５ℓに拡大）だったが、中低回転域のトルクが強く、４段ギアボックスを介しての加速性能はなかなかだった。ハンドリングも軽快で、本来は堅実なファミリーサルーンであるにもかかわらず、当時の日本ではダントツにスポーティなフィールを持つクルマだった。

同じイギリスのライセンス生産車である日産オースチンに比べると華奢で、都会的な雰囲気もヒルマンの魅力だった。ペパーミントグリーンとアイボリー、ピンクとアイボリーなどツートーンに塗られたヒルマンと、お金持ちの活発なお嬢さんや若奥さんの組み合わせは、とりわけ絵になった。いすゞでもそうした女性ドライバーを意識し、「女性だけのエコノミーラン」といったイベン

いすゞベレル（PS20） 1962年

トを開催していた。

いすゞでは当初の完全ノックダウンから徐々に部品の国産化率を高めていき、57年には完全国産化を達成した。その後は独自のローカライズも行われたが、最たるものはドアの内張りを薄くするなどして乗車定員を6人にしたことだった。座面幅が40㎝あれば1名分にカウントされるという日本の法規の産物ではあるが、実際のところ全幅1・6mもないヒルマンの前席に成人男性が3人乗ったら、ドライバーは運転どころではなかった。

そうしたいかにも日本的な味付けが施されるいっぽうで、スポーティな資質を生かすべく、日本初のスポーツキットも用意されていた。英国からの輸入品を中心に、コラムシフトからフロアシフトへの改造キット、SUツインキャブ、前輪ディスクブレーキ、タコメーター、バケットシートといったパーツがラインナップされていたのである。これらを組み込んだモデルはスポーティ・ヒルマンと呼ばれ、知る人ぞ知る存在だった。

ヒルマン国産化の経験をもとに開発されたいすゞ初のオリジナル乗用車が、1961年秋の東京モーターショーでベールを脱ぎ、翌62年春に発売されたベレルである。

ベレルはクラウンやセドリックに対抗する5ナンバーフルサイズの4ドアセダンだったが、既存のライバルがみなアメリカンなボディをまとっていたのに対して、ヨーロッパ、それもイタリア風のスタイリングを指向していた。ランチア・フラミニアによく似たフロントマスクや、オースチンA55に通じるサイドビューなどには、ピニンファリーナの影響が窺える。真横から見て斜めに切り落としたテールの造形など、いすゞ自身が広告で「コーダトロンカの発想を取り入れた」と主張していたほどである。

しかし、全体としては未消化でバランスが悪かった。とりわけ妙に感じたのは、フロントのサイドウィンドウが、これでは頭を出せないいんじゃないかと思うほど小さかったことである。トレードマークといわれた三角形のテールランプも唐突だったし、お世辞にもカッコイイとは言えなかった。

シャシーの基本構造はヒルマンから踏襲したもので、エンジンは小型トラックのエルフから流用した直4OHV1・5ℓと2ℓ、そしてトラックメーカーらしく、2ℓのディーゼルをラインナップしていた。いすゞの期待を一身に担ったベレルだったが、生産開始が竣工間もない同社の藤沢工場の立ち上がりと重なったこともあって、なかなか品質が安定しなかった。デビューした年の秋に揃ってライバルがモデルチェンジしたため、一気にひと世代古くなってしまったのも不運だった。

次第に営業車(タクシー)需要に向けたランニングコストの安いディーゼル車の販売比率が高まっていったが、特有のガラガラというノイズとバイブレーションが運転手に不評で、乗員には騒音・振動手当てがついたとまでいわれた。そんなこんなで、せっかくヒルマンでつちかった、都会的で上品というイメージに傷をつけたあげく、頼みの綱だったディーゼル需要もやがてはLPG車の普及により激減してしまう。

その後ベレルはマイナーチェンジでフロントとリアエンドを改めたが、これがまたなんとも野暮ったいものて、販売が上向くことはなかった。結局、ベレルは誕生から5年、一代限りで終わってしまった。厳しい言い方をすれば、ベレルはこの世に生を受けた瞬間から、すでに命脈が尽きていたのである。

いすゞベレット

スポーティサルーンのさきがけ

初のオリジナル乗用車であるベレルの失敗は、図らずもヒルマンの完成度の高さを再認識させることとなった。そのヒルマンの実質的な後継モデルとなるのが、1963年秋に登場したベレットである。

ベレットはブルーバードやコロナと市場を争う1・5ℓ級のサルーンだが、当初からコンセプトが明快だった。クラス初となる4輪独立懸架、ラック・ピニオンのステアリング、4段フロアシフトにセパレートシートなどを備え、日本で初めてのスポーティなドライバーズカーとして企画されていたのだ。

この63年には折しも名神高速道路が開通し、鈴鹿で第1回日本グランプリが開かれるなど、本格的なスピード時代の幕開けと呼ぶにふさわしい年だった。自ら「スポーティサルーン」と謳い、スポーツドライビングに目覚めたオーナードライバーに強く訴えるベレットの登場は、非常にタイムリーだった。

卵形をモチーフにしたというオーバルラインと呼ばれた欧州調のスタイリングも、当時の国産車の中にあって新鮮だった。いすゞの社内デザインということだが、並行して開発されたベレルよりはるかにレベルが高かった。発売当初は4ドアセダンのみで、エンジンは1・5ℓと1・8ℓディーゼル。基本はドライバーズカーとはいえ、営業車需要をまったく無視するわけにもいかず、ディーゼルも用意したのだろう。そうした市場に向けて、ベンチシートと3段コラムシフトの組み合わせも選ぶことができた。

いすゞベレット1600GT（PR90） 1964年

いすゞベレット（PR20） 1963年

大学時代の友人であるミッキー・カーチスが、発売後間もなくベレットを買った。さっそく乗せてもらったところ、ハンドリングが軽快で、エグゾーストノートも心地よかった。当時、僕をはじめ仲間の多くはモータースポーツに熱中していたのだが、彼もまたいすゞのセミワークスドライバーとしてベレットを駆ることになる。

ベレットの最大の特徴は、ダイアゴナルリンクを使った独立式のリアサスペンションだった。この形式は対地キャンバーの変化が大きく、大きな荷重がかかるとハの字型にタイヤが開き、荷重が減ると逆にすぼんで逆ハの字になる。ハードなコーナリングをすると、内側後輪が浮いてスピンを誘発し、ひどいときには横転してしまう。

典型的なオーバーステア傾向のクルマだが、対策としてレース仕様や走り屋のクルマはリアに極端なネガティブキャンバーをつけていた。それがまたカッコよく見えたものである。

翌64年春にはボディを2ドアクーペに改め、SUツインキャブなどでチューンした1・6ℓエンジンを積んだ1600GTが追加された。スカイラインGTに先立つこと1カ月、日本で初めてGTを名乗ったモデルである。

1600GTは性能もさることながら、内外装がとてもイカしていた。たとえばルーフ前端中央から生えたアンテナ、アマドーリのアロイホイールに似たデザインのホイールキャップ。内装に目を移せば、ルーツ系のスポーツモデルから受け継いだ深いフードに収まった速度計と回転計、油圧や油温など小径メーターがズラリと並んだセンターコンソール、センタートンネルから直立したシフトレバー、着座位置の低いバケットシート、そしてナルディ風のウッドステアリングといった具合に、マニア泣かせのスポーティな演出がそこかしこに施されていたのである。

この1600GTを皮切りに、ベレットは怒濤のように車種を増やしていく。発売から1年後には、ボディが4ドアセダン、2ドアセダン、2ドアクーペの3種類、エンジンが1・3ℓ、1・5ℓ、同ツインキャブ、1・6ℓツインキャブ、1・8ℓディーゼルの5種類を揃え、トヨタや日産に先んじてワイドバリエーションを展開したのである。

そうした中で、強く印象に残っているのがオートマチックだ。ATは当時3ℓ以下のモデルに広く使われていたボルグワーナーの35型という3段式で、これ自体に特筆すべきことはないが、驚いたのはセレクターだ。ガンメタリックのボディに赤の内装という、英国車的な好ましい組み合わせの4ドアサルーンのドアを開けると、なんとセレクターがフロアから生えていたのだ。フロアセレクト式のATなど、ごく一部のアメリカ車でしか見たことがなかった。しかもセレクターはアメリカ車のようなステッキ型ではなく、球形のシフトノブの頭部にリリースボタンがついた、とてもスポーティなデザインだった。

ヒルマン以来いすゞが持ち合わせていた、都会的でしゃれたセンスのなせる業といえるが、当時の日本でATを選ぼうという層にこの意図がどれだけ伝わったかというと、疑問と言わざるを得ない。実際、このフロア式AT車が販売されていたのはごく短期間で、じきにコラム式の2段ATに変更されている。つまるところ、ユーザーの意識より先行しすぎていたのである。

その後もベレットは、自慢のリアサスペンションをリーフリジッドに改めた営業車向けのBタイプをはじめとする車種追加とフェイスリフトを繰り返していく。あまりに目まぐるしいその動きは、不要な混乱をマーケットに招きかねないほどだった。

67年秋に上級車種のフローリアンが発売されると、その傾向は多分に改善された。ベレットをスポーティな狼派、フローリアンをジェントルな羊派と呼び、差別化した広告を展開するなどしてファミリーおよび営業車需要はフローリアンにまかせ、ベレットは本来のスポーティ路線に戻った。レースからフィードバックしたDOHCエンジンを積んだ1600GTRを加えるなどして、なんとか競争力を保ったのである。

70年代を迎える頃になると、ライバルがみな世代交代を終えた中にあって、もはや旧態化は隠せなかった。それでも厳しい台所事情によってフルモデルチェンジが不可能ないすゞは、ベレットのアップデートを続け、誕生から10年後の73年まで延命させたのである。

ベレットのモデルサイクル中の71年に、いすゞはGMと資本提携を結んでいた。その結果誕生した後継モデルのジェミニは、GMのワールドカー構想に基づき、オペル・カデットのシャシー、ボディにいすゞ製のエンジンを載せたものだった。結局、いすゞはベレットの10年を経て、再び外国車のライセンス生産に近い形に戻ったわけである。

10年間の総生産台数が20万台に満たなかったベレットは、営業的にはけっして成功作とは言いがたい。しかし、スポーティサルーンやグランツーリズモという概念を初めて具体化したパイオニアであり、「記録より記憶に残るクルマ」として、日本の小型車史にその名を刻まれるべき存在であろう。

いすゞフローリアン／117クーペ

カロッツェリア・ギアが手がけた兄弟車

1967年秋、いすゞはフローリアンと名乗る新しいサルーンを発売した。エンジンは1・6ℓだが、ボディは既存の1・5ℓ級より大きく、6人乗りを標榜した。ベレットと競合することなく、いっぽうでは不振をきわめていた2ℓ級サルーン、ベレルの後継車としての役割も与えられていたからである。BMW2000に似た異形2灯ヘッドライトが特徴的な、日本では珍しい6ライトのボディを手がけたのは、イタリアの名門カロッツェリア・ギア。だが、ルーミーではあるもののスタイリッシュとは言いがたかった。

中身のほうはリーフリジッドの後輪懸架をはじめ、ごくオーソドックスな設計だった。4輪独立懸架を採用し、スポーティな個性が売り物だったが、それゆえに広く一般ユーザーの支持を集めるに至らなかったベレットの反省からだろう。

このフローリアンのインプレッションを、僕は創刊間もなかった『週刊プレイボーイ』に書いた。乗ってみても成り立ちどおりのごくごく平凡なファミリーサルーンで、オールズモビルのそれに似た、楕円をモチーフにしたダッシュボードにケチをつけたことくらいしか憶えていない。その時は夢にも思わなかったが、それから数年後に僕はフローリアンをマイカーとして乗るハメになるのである。なぜかといえば、会社をツブしてえらく金に困っていたため、中古車市場でも人気がなくて安かったフローリアンを買ったのだ。

いざ乗ってみると、実用的で使いやすいクルマだった。速くもなかったし、ブレーキは弱く、ハンドリングも鈍かったが、天井が高くて室内はゆったりしていたし、トランクも広かった。しかも丈夫だった。ファ

いすゞフローリアン（PA20） 1967年

ミリーカーとしてごくまっとうなパッケージング重視の設計だったのである。しかし、当時の日本のユーザーは、室内が広いということにあまり価値を認めなかった。僕自身、じっくり付き合ってみてようやくそのよさがわかったのだから、大きなことは言えないのだが。

デビューしたときから地味な存在だったフローリアンだが、お家の事情で世代交替も叶わず、小変更を重ねながら低空飛行を続けていた。ところが発売からちょうど10年後にお得意のディーゼルエンジン搭載車を追加したところ、オイルショック後の省エネムードの中でにわかに脚光を浴び、息を吹き返した。オリジナルとは似ても似つかないアメリカ車のようなお面を付け、まるで旧共産圏のクルマのような姿になりながら、しぶとく80年代まで生き長らえたのである。

フローリアンのシャシーに、やはりギアの手になるフル4シーターに近いクーペボディを載せたのが１１７クーペである。１１７クーペが発売されたのはフローリアンより約1年後の１９６８年の暮だが、お披露目はこちらのほうが先で、66年春のジュネーブ・ショーに「ギ

いすゞ117クーペ（PA90） 1968年

ア・いすゞ117スポーツ」の名で出展された。実際にスタイリングを手がけたのは、ベルトーネからギアに移籍して間もなかったジウジアーロである。そしていすゞとギアを結びつけたのは、後にジウジアーロと共にイタルデザインを設立した日本人の宮川秀之さんだった。

聞くところによれば、ジウジアーロがチーフデザイナーとしてギアに移ってきた時点で、すでに前任者によってフローリアンとなるサルーンと、その派生モデルのレンダリングは完成していたという。しかし、宮川さんが見たところ、サルーンはともかく派生モデルはいまいちだった。それで彼がジウジアーロにやり直させてほしいと当時のギアのボスに談判した結果、生まれたのが117クーペということなのである。

デビューから3年近くを経て市販化された117クーペは、基本的にフローリアンと共通のシャシーに手作りに近いボディを載せ、いすゞ初となるDOHC1・6ℓエンジンを積んだ高級パーソナルクーペである。価格は1・6ℓ級としては異例に高く、172万円もした。当時の国産車中、これより高価だったのはプレジデント、センチュリー、そしてトヨタ２０００ＧＴだけだったといえば、いかに高価だったかがわかるだろう。

それからしばらくはイメージリーダーとして月産50台程度が作られていたが、73年にマイナーチェンジを受けてボディがすべてプレス製となり、量産化された。それに伴い価格が大幅に下がったことセールスは一気に上向き、フローリアンを抜いてしまったのである。

すでに商品力が底をついていたフローリアンに対して、１１７クーペは発売5年目にして、まったくといっていいほど人気が落ちていなかったのだ。値下げされたとはいえ、価格は絶対的には安くはなかったし、ベースがベースだけに性能だってたいしたものではなかった。いってみればカッコだけのクルマだったわけだが、それだけで金が取れるクルマというのも、そうあるものではない。つまりジウジアーロによるスタイリングが、群を抜いていたということである。逆をいえば、もしフローリアンもこの当代最高のカーデザイナーが手がけていたなら、もっと高い人気と評価を獲得していたのかもしれない。

それはさておき、１１７クーペもいすゞ車の例に漏れず、10年以上にわたって作られた。そして4座の高級パーソナルカーというコンセプトは、同じジウジアーロの手になる、ショーカーをそのまま量産化したようなピアッツァに受け継がれたのである。

スバル360／R-2

世界に誇る傑作車

１９５８年に発売されたスバル３６０は、日本が世界に誇る傑作車である。日本車として初めて世界水準に達した、いや、ある部分では超えたと言っても過言ではない。たとえばスバルより1年早い57年に登場した先々代フィアット500。スバルとほぼ同じ大きさの、天才設計家の誉れ高いダンテ・ジアコーザが手がけたこの500と比べても、スペース効率の高さと乗り心地に関してはスバルのほうが勝っている。

スバル360を作った富士重工の前身は中島飛行機。敗戦によって翼をもがれるまでは東洋一の航空機メーカーであり、高度な技術力を誇っていた。諸々の事情で市販はされなかったが、富士重工はスバル360より前、54年にP-1という5ナンバーフルサイズの4ドアセダンを作っている。初代クラウン誕生の1年前だが、P-1は航空機の技術を生かした国産初のモノコックボディを持っていたのだ。

そうしたメーカーの作だけに、スバル360は富士重工初の市販四輪車ながら、完成度は高かった。開発のまとめ役は、スバリストの間では伝説的存在となっている百瀬晋六さん。プリンスの中川良一さんと並んで、僕がもっとも尊敬するエンジニアの一人である百瀬さんは中島飛行機の出身で、スバル360を世に出したときはまだ40歳前だった。百瀬さんは背が高くスマートで、とてもカッコイイ方だった。

彼が長身だったことは、スバル360の優秀なパッケージングに少なからぬ影響を与えていると思う。スバル360は少々窮屈とはいえ4人の大人が乗ることができたが、もし百瀬さんが小柄な人だったら、もっと低いレベルで満足していたかもしれないのだから。

その姿からもわかるように、スバル360にはVWビートルやフィアット600といったヨーロッパの小型車の影響が感じられる。しかし、軽量ながら剛性の高いモノコックボディ、空冷2ストローク2気筒エンジンによるRRレイアウト、トーションバーによる4輪独立懸架、10インチタイヤの採用といった技術的特徴は、いずれも日本では初の試みであり、世界レベルで見ても遜色なかった。これだけでも富士重工の高い志と技術力が伝わってくるが、実際に乗ってもスバル360はすばらしかった。

僕がスバル360に初めて乗ったのは、忘れもしない大学2年のときだった。目黒に住んでいた友人の

スバル360（K111） 1958年

家の隣に町工場があり、そこの社長が発売間もないスバルを持っていた。友人を訪ねるうちに、いつしか僕は社長とクルマ談義などを交わすようになっていたが、ある日彼が気前よくスバルを貸してくれたのである。初期のスバル360は三菱500と同じ横H型シフトパターンの3段ギアボックスだったが、すぐに慣れた。360ccエンジンの最高出力はたった16psだったが、徹底した軽量設計によって車重は385kgしかなかったから、走りっぷりは軽快だった。スピードメーターが90km／hに達するのを見て心底驚き、こいつはスポーツカーなんじゃないかと思った。もっとも、当時の僕はスポーツカーなるものに乗ったことがなかったのだが。

スバル360の特徴のひとつが「スバルクッション」と呼ばれた独特の足まわりのセッティングだった。たっぷりしたストロークとソフトなスプリングによって、まだ多かった未舗装の悪路をフワフワした絶妙の乗り心地で走り抜けた。開発の際の研究車両の1台だったというシトロエン2CVの影響を感じさせるが、あのサイズであれだけソフトな乗り心地は、空前絶後だろう。

発売当初の価格は42万5000円。55年に政府が提唱した国民車構想（パブリカの項参照）を性能面ではほぼクリアしたものの、価格だけは25万円という政府案の7割増しになってしまった。25万円というのは実情を無視した楽天的な数字ではあったとはいえ、当時の大卒初任給が1万円ちょっとだったことを考えると、まだまだ庶民の手が届く代物ではなかった。

スバル360以前にも軽は存在したが、スズキのスズライトを除いては町工場レベルのものばかりだった。唯一例外だったスズライトも商用車主体だったから、実質的に軽乗用車市場を切り開いたのはスバルだった。スバルが軽といえども実用車として通用することを証明してみせたことで市場が確立されたのである。その後も弛まぬ改良が施されていたものの、姿形は変わらないことからいつしか「日本のVW」と呼ばれ、軽のベストセラーを続けていたスバルだが、誕生から9年を経た67年、ついにその座を明け渡すときがやってきた。スバルに代わって新たに軽の盟主となったのは、ホンダN360である。

圧倒的な動力性能と高い居住性、価格破壊に近い低価格で市場の構図を塗り替えたN360の出現により軽は再びブームとなり、パワー競争に突入した。老舗のスバルとてその波に抗うことはできず、内外装を派手に装いエンジンをハイチューンしたヤングSSというスポーツグレードを投入するに至った。

しかし、さしものスバルといえども10歳前後若いライバルと比べると旧態化は明らかで、このまま戦い続けるのはもはや不可能と判断したのだろう。1969年にはリアエンジンの2代目を意味する車名を冠したスバルR－2がデビューする。R－2の中身は、スバル360の基本構造を踏襲しつつアップデートしたものだった。初めて首都高速上で遭遇したときに見間違えたほど、フィアット600に似ているのが玉に瑕だが、丸みを残したスタイリングはかわいらしく、飾り気が少なくて好感が持てた。

ニュービートルや新フィアット500がウケている今なら、このR－2は爆発的な人気が出ていただろ

スバルR-2（K12） 1969年

う。だが、スタイリングの主流が丸から角へと移行しつつあった当時は、柔らかくて愛嬌のあるR-2のデザインはウケなかった。考えてみれば、フィアットだって500に代えて角張った126を出そうとしていた時代である。僕自身はR-2は当時の軽の中でベストなデザインだと思うが、富士重工がトレンドを読み間違えていたのも事実なのである。

ハイパワー化と高級化に邁進する軽市場の流れに乗り遅れまいと、R-2もシンプルで好ましかったボディを飾り立て、エンジンを水冷化するなどしたが、いったんついてしまった地味なイメージを拭うことはできず、シェアは下降していった。元来真面目な富士重工らしいといえばそれまでだが、ホンダZに始まるスペシャルティカーブームに参戦することもなく、傍観しているしかなかった。

そして72年には、3代目となるレックスが登場する。中身はほとんどR-2のままだったが、スバル伝統の丸みのあるスタイルを捨て、ウェッジシェイプに変身してしまった。そしてCMソングを人気急上昇中だったフォークシンガーの吉田拓郎に歌わせるなど、これまでとは打って変わって若者向けを強くアピールしていた。しかし、ｆｆ－１からレオーネへの転換と同様に俗化であるとスバルファンを嘆かせたその路線変更は、ワンテンポ遅れた感が否めなかった。スバルに代わって軽市場のリーディングブランドとなっていたホンダは、すでに前年の71年にまろやかさが売りのライフを発表し、若者向けからファミリー向けにシフトしていたのだから。一度掛け違ったボタンは元に戻せないというべきか、軽市場におけるスバルの地位は、その後も再浮上を果たすことはなかったのである。

スバル1000

理想主義的な小型車

スバル３６０の成功で四輪車市場に基盤を築いた富士重工は、Ｐ－１以来となる小型車作りにチャレンジする。３６０と同様に百瀬さんをリーダーとして開発が進められたモデルは、１９６５年秋の東京モーターショーにスバル１０００の名でデビュー、翌66年春に市販開始された。

スバル１０００は、本当にすごいクルマだった。重心が低くて軽量コンパクトな水冷フラット４による前輪駆動というレイアウトを基本に、電動ファンを備えたデュアルラジエターシステム、トーションバーによる４輪独立懸架、フロントのインボードブレーキなど独創的かつ先進的なメカニズムを満載した、いかにもエンジニアリング優先の富士重工らしい理想主義的な小型車だったのだ。

水冷フラット４によるＦＦは日本初ではあるが、世界を見渡せばすでにドイツのロイト／ハンザやイタリアのランチアが採用していた。富士重工にも研究車両としてハンザ１１００があったという。当然、開

スバル1000（A12） 1966年

発に際して参考にしたのだろうが、同時代の日本車の多くが、ベンチマークとした外国車の模倣や劣化コピーに留まっていたのに対して、スバル1000は研究車両よりも明らかに優れていたのである。
何よりすばらしいのは、そのパッケージングだ。ロングホイールベース、FFの導入により実現した低くてフラットなフロア、そして燃料タンクをリアシート下に収めるなど知恵を絞った結果、コンパクトなボディに1・5ℓ級に匹敵する室内スペースおよびトランクルームを確保していた。エンジンルームにはスペアタイヤやジャッキまでが収められていたが、これはスペースを無駄なく使うと同時に、重量物を前に載せることでトラクションを稼ごうという一石二鳥のアイディアだった。こうした凝った設計にもかかわらず、徹底した軽量化によって、車重は600kg台に収められていたのだ。
乗ってみてもスバル1000はすばらしかった。初期のモデルはコラムシフトだったこともあり、足元が広いのにまず驚かされた。走り出すと、エンジンはOHVシングルキャブにもかかわらずレスポンスが鋭く、よく回った。さらに驚いたのは、そのハンドリングだ。センターピボットを採用したラック・ピニオンのステアリングはＦＦながら軽くシャープで、なんとスロットル・オンのままスーッとコーナーを回っていくのだ。さらにスロットルを開ければアンダーステアが強くなっていくのだが、普通のドライバーはそこまで飛ばさないだろうから、まさにオン・ザ・レールのフィーリングを堪能したことだろう。

ひとつだけ気に入らなかったのは、フロントシートのスライド方式である。どういうわけかスライドレールが弓なりになっていて、前から後ろに向かっていったん高くなり、また低くなっていくのだ。この妙ちくりんなレールのおかげで、どうしてもシートポジションがしっくりとこなかった。

翌67年には2ドアボディにツインキャブなどでチューンしたエンジンを積み、フロアシフトに改めたスポーツセダンが追加される。フロントのインボードブレーキはディスクに格上げされ、低く固められた足まわりには、国産量産車としては初めてラジアルタイヤが標準装着されていた。ルーフの運転席側から、ラジオのロッドアンテナが斜めに生えているのが、なかなかカッコよかった。

このスポーツセダンにも感心した。ポロポロという独特のサウンドを響かせるエンジンはいっそうレスポンスがシャープになり、フィーリングはポルシェ３５６にそっくりだった。ＦＦの特性を理解した上手いドライバーが操れば、格上のスポーツカーやスポーティカーもカモれる通好みのモデルだった。

かようにスバル１０００はすごいクルマだった。スバル３６０は世界レベルで見ても遜色のないクルマだったが、こちらはさらに一歩進んだ、国際水準を凌駕する知的かつ合理的な全体設計を持つモデルだったのである。その証拠に、この時代の日本車としては唯一、外国車に影響を与えている。アルファ・ロメオが１９７２年にアルファスッドという、水冷フラット4による前輪駆動のモデルを出すが、開発に際してスバル１０００を参考にしたというのが通説となっている。

しかし、スバル1000のセールスは360ほど好調とはいかなかった。けっして失敗作ではないが、成功したとは言いがたい。クルマの出来からすれば、カローラやサニーといったライバルとは比較にならないほど優れていたのにもかかわらず、である。なぜかといえば、ユーザーがそのすごさをわからなかったからだ。FF方式ですらピンとこない一般ユーザーに、デュアルラジエターだのインボードブレーキだのと説いたところで、馬の耳に念仏でしかなかった。せいぜい排気量、馬力や最高速などのカタログデータしか性能についての判断材料がない彼らにとっては、アクセサリーが豊富で、しかも価格の安いカローラやサニーのほうが魅力的に映ったのだ。とはいえ、セールスの伸び悩みはユーザーだけの問題だったわけではない。自慢の凝った設計はライバルに比べ割高な価格をもたらし、また複雑なメカニズムは整備性の悪さにつながった。なにしろクラッチ板を交換するのにエンジンを降ろさなければならなかったのだから、街の修理屋に嫌われたのも仕方がないだろう。

合理的でバランスのとれた小型車だったスバル1000だが、高性能化と高級化を進めていく市場の動向を無視することはできず、69年にはエンジンを1・1ℓに拡大して名称をff－1（FFの初代モデルという意味）に改めた。このff－1のスポーツセダンは、トルクに余裕が生まれたぶん乗りやすくなり、かといってシャープさが失われるようなこともなく、僕にとってのベストモデルだった。だが70年に追加された1・3ℓエンジンを積んだ1300Gは、シャシーよりエンジンが勝ったバランスの悪いクルマだった。フェイスリフトにより樹脂を多用した顔つきも、改悪としか思えなかった。

しかし、そんな1300Gでさえ、翌71年に登場したレオーネに比べたらかわいいものだった。その年に『また逢う日まで』が大ヒットした歌手の尾崎紀世彦をイメージキャラクターに据えるという、それまでの技術偏重、真面目一本槍の富士重工からは考えられない広告戦略に象徴されるように、レオーネには広告代理店主導の「売らんかな」の姿勢が前面に押し出されていた。

フラット4によるFFという基本レイアウトは受け継がれたものの、フロントサスペンションはダブルウィッシュボーン／トーションバーからストラット／コイルに、インボードブレーキは一般的なアウトボードに改められた。要するにコストダウンだが、排ガス対策のためのエンジンルーム内のスペース確保および整備性の向上という名目が掲げられていただけに、仕方がない面もあった。

問題はその醜いボディだった。妙に腰高で、これまたコストダウンのためかガラス面積が少なく、なんともバランスが悪く武骨な代物になってしまったのだ。それをレザートップやらなんやらでゴテゴテと飾り立てていたのだから、目を覆わんばかりだった。最初に出たのはクーペだったが、乗るとやたら天井が低いので、まるでトンネルの中に入ったような気分になった。

ピュアなスバリストは、この変身を「俗化」、さらに「堕落」とまで呼んで嘆いたが、そうまでして一般に迎合したつもりでも、支持層は広がらなかった。その後、レオーネからは今日まで連綿と受け継がれている続いているシンメトリカルAWDというスバルのアイデンティティが生まれた。だが、モデル自体は固定ファンに支えられる時代が長らく続く。富士重工と一般ユーザーの意識のズレが解消されるのは、レガシィが登場する1989年まで待たなければならないのだった。

ダイハツ・コンパーノ

とことんイタリア風にこだわった

戦前からオート三輪メーカーとして名を馳せ、戦後は軽三輪トラックのミゼットで一世を風靡したダイハツが乗用車市場に参入したのは、１９６３年のことである。

正確を期すなら、本格参入というべきだろう。なぜならそれより10年以上前の50年代初頭に、ダイハツは「ビー」（ＢＥＥ＝英語で蜂）というユニークな三輪乗用車を作っているからだ。これは空冷フラットツインエンジンをリアに積んだ前一輪の三輪車だが、数十台が作られただけで終わっている。

それからおよそ10年を経ての再参入あたっては、慎重な手段をとった。まず62年のショーに乗用車ではなく小型ライトバンのプロトタイプを出展し、翌63年にコンパーノの名で発売したのである。

イタリア語で仲間を意味する車名は、イタリアのカロッツェリア・ヴィニャーレがスタイリングを手がけたことにちなんで付けられたのだろう。ミケロッティのプリンス・スカイラインスポーツを皮切りに、60年代は国産メーカーが続々と本場イタリアのカロッツェリアにスタイリングを依頼することになるが、二番手は意外なことにダイハツだったのだ。

ヴィニャーレはデザインよりもボディ製作で知られるカロッツェリアで、ミケロッティと組んだマセラーティ３５００ＧＴスパイダーなどが代表作である。すでに少数派になりつつあったセパレートフレームを持つためにいささか腰高な感は免れないが、その３５００ＧＴスパイダーにも通じる当時の典型的なイタリアンルックの顔つきをはじめ、コンパーノはなかなかスタイリッシュにまとめられていた。

ライトバンを5ナンバーの乗用車登録に改めたワゴンを経て、63年秋にはダイハツ自身の手でボディ後半をリデザインしたという2ドアセダンが、コンパーノ・ベルリーナの名でようやく追加された。ベルリーナとはイタリア語でセダンを意味するが、日本ではなじみのない言葉だったため、クルマ好きでもベルリーナを車名だと思っている場合が少なくなかった。

中身はバン／ワゴンと同じで、セパレートフレームを持つシャシーに直４ＯＨＶ８００㏄エンジンを搭

ダイハツ・コンパーノ・ベルリーナ（F30） 1963年

載、４段ＭＴを介して後輪を駆動するごくコンベンショナルな設計である。

　コンパーノ・ベルリーナはインテリア、とくにダッシュまわりが印象的だった。木目プリントに円形メーターを配したインパネに、さすがにリムはウッドではなくプラスチックだったものの、ナルディ調の３本スポークのステアリングホイールというイタリアンなデザインだった。イタリアンモードをまとっても、インテリアはどうってことのないモデルが多かったなかでこれは珍しかった。

　65年には、これも日本では珍しい4座のコンバーティブルが加えられた。セパレートフレーム付きの特性を生かしたバリエーションだが、エンジンもツインチョーク・ソレックス付きの１ℓに拡大強化されていた。名称はコンバーティブルではなくスパイダー。ダイハツは徹底してイタリアンにこだわっていたのである。

　イタリアンデザインを除いては、まったく平凡で見るべきところのないコンパーノだが、じつはひとつだけユニークなメカニズムがあった。ディーゼルエンジンのノウハウを生かし、独自開発されたガソリンエンジン用としては国産初の機械式燃料噴射装置（メカニカルインジェクション）だ。これを2ドアボディに搭載したモデルが1000GTインジェクションの名で67年に登場したのだが、一般的にはほとんど知られていない。僕の知る限り、国産でメカニカルインジェクションを備えたクルマは、これとホンダ145クーペFI（ホンダ1300クーペにシビック系の水冷エンジンを積んだモデル）だけだと思う。

こうしてバリエーションを広げていったものの、60年代後半ともなると、新陳代謝が激しい大衆車市場におけるコンパーノの存在感は薄かった。カローラ、サニーはもちろん、かつてライバルだったファミリアにも到底及ばず、マニア向けとされていたスバル1000／ff-1にさえ敵わなくなっていた。

結局コンパーノは世代交替を迎えることなく一代限りで消滅、69年には後継モデルとなるコンソルテ・ベルリーナが登場する。これは67年に業務提携を結んだトヨタのパブリカと共通のボディに、コンパーノから受け継いだ1ℓエンジンを積んだモデルだった。ダイハツが再び独自設計の小型車であるシャレードを世に送りだすのは、それから9年後の1978年のことである。

ダイハツ・フェロー

パワーウォーズの頂点を極めた

1950年代にミゼットで軽三輪ブームを巻き起こし、軽商用車ではリーディングブランドだったダイハツだが、軽乗用車に関しては意外なことに後発だった。ダイハツの市場参入は66年で、最後発のホンダより半年早かっただけなのである。その第1作となるのが、フェローだ。

商用車主体のメーカーだったダイハツらしく、その成り立ちはきわめて平凡で堅実だった。エンジンは軽商用車用を水冷化した2ストローク2気筒で、駆動方式はFR。プリズムカットと称した角張ったボディに合わせて、国産では初めて角形ヘッドライトを採用したのが、特徴といえば特徴だった。

市場での評判は悪くなかったが、翌67年にホンダN３６０やスズキ・フロンテ３６０といった新世代のライバルが登場したことによって、フェローはデビューから日が浅いにもかかわらず、スバル３６０やキャロルといった旧世代に属するような印象を持たれてしまった。

それを打破するために、68年には軽初の高性能モデルとなるSSを加えた。内外装をスポーティに装い、それまで最強だったN３６０をわずか1psだけ上回る32psまでチューンされたエンジンを積んでいたが、僕の目には年増の若作りのように見えた。それを受けてNやフロンテ、そしてスバルやミニカまでもがさらに高性能なモデルを出し、パワー競争は一段とエスカレートしていったのである。

70年にフェローはFFへ転換し、MAX（マックス）のサブネームを持つ第二世代に進化する。高性能版のSSは３６０cc軽史上最強の40psを誇り、一気にパワーウォーズの最前線に躍り出た。それまで後塵を拝していたうっぷんを晴らすかのような、リッターあたり１１１psという過激なまでのハイチューンに対して、もはやそれを超えようという動きはなかった。文字通りそれがMAXだったのだ。

馬力競争が一段落した後に訪れたのは、70年秋に登場したホンダZに始まる軽のスペシャルティ化である。今度はブームに乗り遅れまじと、ダイハツは翌71年に軽初の2ドアハードトップをMAXに加えた。このハードトップの高級グレードはすごかった。メタリック塗装されたボディのルーフには白いビニールトップが張られ、室内を見れば木目調のインパネにセンターコンソール、革巻きのステアリングホイール、そのほかアクセサリーがてんこ盛りで、２ℓ級のGTと比べてもひけを取らない出で立ちだった。まるでちびっ子のど自慢で、キンキラキンの衣装を着て、コブシを利かせて演歌を歌う子供のようで、あきれた

ダイハツ・フェローMAXハードトップ（L38） 1971年

ダイハツ・フェロー（L37） 1966年

ものである。

エンジンはもちろん自慢の40ps。広告では「40馬力のど根性」と謳っていたが、実際にはまったく意気地がなかった。カリカリにチューンされているので、あたかもレーシングカーのようにデリケートに扱ってやらねばならないのである。僕はこれの広報車を借りた際に、それを身を持って体験した。ダイハツで借り出し、２００mほど走ったところで、つい油断してアクセルをガバッと開けてしまったところ、ハイそれまでヨ。プラグがカブってしまって、二度とエンジンはかからなかった。しょうがないから、ダイハツまで駆け戻って新しいプラグをもらい、交換する顛末となった。再び走り出したものの、ハードトップ化と豪華装備によって車重が増加しているためか、なかなかスピードに乗ってくれない。これではせっかく標準装備されたラジアルタイヤや前輪ディスクブレーキも、威力を発揮しようがなかった。

なんとも珍妙なクルマだったが、軽ブームが過熱してクレイジーだった時代を象徴する1台として、歴史に記憶されるべきモデルなのかもしれない。

スズキ・フロンテ

ＦＦからＲＲへの逆転換

戦前に織機メーカーとして創業されたスズキは、１９５２年にバイクモーター（自転車用取付エンジン）の製造から自動車メーカーへの名乗りを上げた。その２年後の54年に１２５ccのオートバイであるコレダ号を発売、そして翌55年には軽自動車のスズライトＳＳで四輪市場にも進出を果たしたのである。

スズライトは空冷２ストローク２気筒３６０ccエンジンで前輪を駆動する、戦後初の市販ＦＦ車だった。ドイツのＦＦミニカーだったロイトを参考に作られ、セダン、ライトバンなどがラインナップされた。ライトバンといっても、丸っこいプレーンバックのテールに横開きのドアを備えた、後でいうところのハッチバックのようなスタイルだ。このライトバンが水戸近郊のわが町にもあり、カバのお尻のようなリアスタイルがなんとも印象的だった。室内を覗き込むと意外なことに最新流行のコラムシフトを採用していた。

初代スズライトはライトバンのみに絞って細々と生産が続けられた後、59年にはボディを一新したスズライトＴＬとなる。同じ年に誕生したオリジナル・ミニに似た２ボックス・スタイルのライトバンだったが、62年にはテールに独立したトランクルームを備えた乗用車登録のモデルが、スズライト・フロンテの名で加えられた。スバル３６０が牽引する軽乗用車市場ではフロンテは地味な存在だったが、翌63年の第１回日本グランプリでにわかに注目を集めることになる。

スバル、キャロル、Ｒ３６０クーペ、そしてフロンテが出場したツーリングカー３６０ccクラスは、下馬評では性能に定評のあるスバルが本命と目されており、実際に予選でも上位を占めた。

しかしいざ決勝を迎えると、スバルに対して約１００kgも車重が重いことから不利と思われていたフロ

スズキ・フロンテ360（LC10） 1967年

スズライト・ライトバン（SF） 1955年

スズキ・フロンテ・クーペ（LC10W） 1971年

スズライト・フロンテ（TLA） 1962年

ンテがスタートで一気にスバルを抜き去り、そのままワンツー・フィニッシュをキメてしまったのである。

ライバルチームや関係者、そして観客は驚いたが、スズキとすれば当然の勝利だった。スズキはホンダに1年遅れの60年から、二輪のロードレース世界グランプリに参戦していた。その現場で、2ストロークエンジンのチューニングとレースの駆け引きについてみっちりと鍛えられていたのである。さらにドライバーも二輪ライダーを起用して特訓を重ね、戦闘力は大幅に向上していた。それでいながら、ライバルを油断させるために練習や予選では三味線を弾いていたというわけなのだ。

その第1回グランプリが開かれた63年秋の東京モーターショーに、スズキはフロンテ８００と名乗る小型車を出展した。水冷2ストローク3気筒７８５ccエンジンを積み、前輪を駆動するという、ドイツのＤＫＷにそっくりのレイアウトを持つ2ドアセダンである。サイドウィンドウに国産としては初めて曲面ガラスを採用したボディは、ミケロッティ風でなかなかカッコよかった。しかし、65年に発売されたものの、ほとんど手作りで

３０００台弱が作られたにすぎない。そもそもが貿易自由化対策として自動車メーカーの合併・整理統合を進め、新規参入を制限しようという当時の政府の動きに対し、小型車市場進出の意思を示すアドバルーンとして作られたモデルだったため、積極的に売るつもりはなかったからだという。

本業である軽自動車では、スズライトの誕生以来12年ぶりに全面的に新設計されたモデルを67年にリリースする。スズライトの名を捨て、スズキ・フロンテ３６０と命名された新型は、なんとＦＦからＲＲに転換していた。誰も手を出さない頃にＦＦを導入し、小型車の趨勢がＲＲからＦＦに転換しつつある時期になってＲＲを採用する。世の流れに完全に逆行する不可思議な宗旨替えではあるが、クルマとしての出来、そして商品力ともに先代よりはるかに向上していた。

コークボトルラインと称した丸みのあるボディのリアに積まれたエンジンは、水冷から空冷にグレードダウンされてはいたが、フロンテ８００と同じ2ストローク3気筒。そのバランスは4ストローク６気筒に匹敵するという、かつてのＤＫＷの謳い文句をスズキはそのまま使っていたが、たしかに軽の中ではもっともスムーズで、軽量なボディと相まって乗り味はスポーティだった。

３カ月早く売り出されたホンダＮ３６０には敵わなかったものの、この2代目フロンテはヒット作となり、スズキをホンダに次ぐ軽ナンバー2の座に押し上げた。

68年に高性能版のＳＳが加えられた際に、スズキはイタリアの「太陽の道」ことアウトストラーダ・デルソーレをデモランするキャンペーンを実施したが、ドライバーに起用されたのは、なんと「無冠の帝王」こと往年の名ドライバー、スターリング・モスだった。フロンテＳＳは走り好きの若者から熱い支持を受けたが、僕自身にとっても思い出深いクルマだった。当時、僕がやっていたレーシングメイトはスズキとコラボレートして、フロンテＳＳ用のドレスアップパーツをプロデュースした。それらのパーツは、フロンテSSのカタログにスズキとレーシングメイトのダブルネーム商品として掲載され、またパーツを組み込んだコンプリートカーが東京モーターショーに展示されたりもしたのである。

70年にフロンテは時流に合わせて角張ったスタイルに変身、エンジンを水冷化するなどの改良が施されたが、71年には軽のスペシャルティカーブームに乗ってフロンテ・クーペを出す。ジウジアーロのオリジナルアイディアをスズキがアレンジした、低くスタイリッシュな2座（後に2＋2）クーペである。

これの広報車を借りて湘南まで走らせたことがあるが、葉山あたりの狭くて曲がりくねった道で、その真価が発揮された。勝手知ったる庭をわが物顔で走らせはしないと、ベレGやブルーバードSSSを転がす地元のアンちゃんたちが盛んに追いかけてきたが、ちっぽけなボディにクイックなハンドリングとシャープなレスポンスを誇るフロンテ・クーペのぶっちぎりだった。じつに痛快な体験だったが、フロンテ・クーペは間違いなく360cc軽最速のマイクロスポーツカーだった。

73年にホンダが軽乗用車市場から撤退したこともあって、スズキは軽市場のリーダーとなる。しかし公害対策のために必須だった4ストロークエンジンの開発に失敗するなど、一時は苦しい状況に追い込まれた。再び転機が訪れたのは79年のこと。社長に就任して間もなかった鈴木修さんが陣頭指揮をとって開発した、FFに回帰した初代アルトの大ヒットによってスズキは名実ともに軽ナンバー1の座を固めたのだ。

日野ルノー／コンテッサ

リアエンジンから抜け出せなかった

航空機の開発・生産まで手がけた東京瓦斯電気工業、通称ガスデンを前身とする日野は、戦後はいすゞ同様大型車の専門メーカーとして活動していた。業績が安定すると、やはりいすゞと同様に外国メーカーとの技術提携による乗用車部門への進出を決定する。パートナーに選ばれたのはフランスのルノー公団（当時）で、１９５３年からルノー４ＣＶのライセンス生産を開始した。

戦後の46年にデビューしてルノーの再建を支えた４ＣＶは、モノコックボディのリアに水冷直４ＯＨＶ７４８ccエンジンをオーバーハングし、サスペンションは４輪独立懸架という、当時としては進歩的なモデルだった。エンジン、ボディともにＶＷビートルよりひとまわり小さかったが、４ドアを与えたところがフランス車らしかった。ノックダウン生産が始まったと話には聞いていたものの、僕の住んでいた水戸周辺では４ＣＶをなかなか見ることはできなかった。なんとなれば、ルノーは悪路に弱いという評判だったからである。モノコックボディに４輪独立懸架、低いロードクリアランスとなれば、仕方がないことだ。

しかしコンパクトであるがゆえの経済性と機動性の高さ、そして４ドアであることを武器に、東京ではタクシーに大量に採用されていた。タクシーというのは走行距離が半端でなく、しかも当時の道路事情は劣悪だったから、傷みも早かった。それでもクルマがものすごく貴重だったために、タクシーとして酷使されたルノーは再び中古車市場に流通した。「タク上げ」（タクシー上がり）と呼ばれたそれらのルノーは、マイカーなるものに手が出せるようになってきた上級サラリーマンにとって、購入候補の筆頭だったのだ。

タク上げのルノーには、忘れられない想い出がある。学生時代にエスビー食品が「ガーリックパウダー」というニンニク風味の調味料を発売した際に、ガーリックカラーというかカレーの黄色に塗り、エスビーのロゴを入れたタク上げのルノーを、１００名のモニターに1年間無償貸与するというキャンペーンを実施したのだ。今でいうラッピングカーのはしりである。これに目がくらんだ僕は、使いもしないガーリックパウダーを買い込んではせっせと応募したが、無情にも当たらなかった。

(右上) 日野ルノー (PA) 1953年
(右下) 日野コンテッサ900 (PC10) 1961年
(左) 日野コンテッサ1300 (PD100) 1964年

初めて運転したルノーは、自動車部の先輩の愛車だった。いかにもフランス的で洒落てるなあと思わされたのが、スイッチ類である。ステアリングコラムの左にレバーが出ていて、それを回転させるとライトが点き、先端を押すとホーンが鳴るようになっていた。

いざ走り出すと、車体が軽くハンドリングがクイックで、重心も低いから安定性も高かった。それまでに体験した国産車やアメリカ車、そして自分のヒルマンとはまるで異なるキビキビした運転感覚に、タクシーのカミカゼぶりもこれなればこそと納得したものだ。まだ乗ったことのないスポーツカーとはこんなものだろうか、などと思いを馳せたりもした。惜しむらくはギアボックスが3段だったこと。4段だったら小さなエンジンのキャパシティを最大限に引きだせるのにと思ったものだ。

この4CV国産化の経験をもとに、日野は初のオリジナル乗用車を作った。1961年に登場したコンテッサ900である。中身はほとんどルノーなのだが、テールフィンを生やしたスタイリングはアメリカ車風でもあり、当時の日本人の嗜好を反映していた。

そのほか前述した独特のスイッチは廃止されて平凡なものとなり、シフトレバーをフロアからコラムに移すなどのローカライズが施されていた。リアエンジンのクルマをコラムシフトにするには、複雑なリンケージが必要で相当に大変なのだが、日野は苦労して当時の国産車のスタンダードに合わせたのである。

このコンテッサには、オプションで「シンコー・ヒノマチック」と呼ばれる電磁クラッチが用意されていた。シフターを握ると電気的にクラッチが切れ、そのままシフトしてから手を離せばクラッチがつながるという機構である。こう書くと便利なようだが、エンジンの回転を合わせるのが難しく、シフトアップはともかくダウンはやりにくかった。また不用意にシフターに触れると突然クラッチが切れ、エンジンが空転してしまう。しょせんは未完成なメカニズムだった。

あまり知られていないが、強力なライバルが不在だったこともあって、コンテッサは63年に開かれた第1回日本グランプリのツーリングカーレース700～1000ccクラスで優勝、さらに国内スポーツカー1300cc以下で2位に入賞している。それら活躍したワークスマシンをベースとして、その年の秋にはエンジンをチューンし、4段フロアシフトやバケットシートを与えたコンテッサSが加えられた。これまた意外だが、これが日本で初めて「S」を名乗った、国産初のスポーツセダンだったのである。

また、同年にはコンテッサのシャシーにイタリアのミケロッティがデザインした2＋2のクーペボディを載せたコンテッサ900スプリントがジュネーブショーでデビューし、東京モーターショーにも出展された。日野の話ではこれをイタリアで生産してヨーロッパで販売する計画とのことだったが、実現しなかった。

このショーカーは残存しており、きれいにレストアされて東京・日野市にある日野の技術資料館「日野オートプラザ」に展示されている。先日、それを見る機会があったが、ボディの厚みを感じさせないスタイリングは、さすがミケロッティである。サイズは小さいもののボディおよび内装の仕上げがすばらしく、黄金時代のイタリアン・カロッツェリアの仕事ぶりが光る、まさに珠玉のクーペだった。

翌64年には、そのミケロッティがスタイリングを手がけたコンテッサ1300が登場する。相変わらずリアエンジン・レイアウトのままながら、当時の彼の作品であるトライアンフ2000／1300などに通じるテイストのボディは、当時のコロナにほぼ等しい大きさまで拡大されていた。

この時代に、しかもこのサイズでRRというのは、世の技術潮流からは完全に外れていた。じつは日野は、60年にリリースしたコンマースという商用車ですでにFFを経験していたが、失敗作に終わっていた。唯一の乗用車であるコンテッサで、改めてFFにチャレンジする力は、残念ながら持ち合わせていなかったのだろう。だが、個性的といえば個性的ではあるが、性能的に見るべきものはなく、価格も安くはないコンテッサ1300は、コロナやブルーバードのシェアに食い込むことはできなかった。

コンテッサ1300には従来からの4ドアセダンに加えて、スタイリッシュな2ドアクーペがラインナップされていた。エレガントなボディ、木目張りのダッシュにナルディ風のステアリングホイール、分厚いリクライニングシートなどを備えたクーペは、魅力的だった。しかし、ツインキャブなどでチューンされたとはいえ、エンジンは大柄なボディに対してアンダーパワーで、価格も1・3ℓ級としては高すぎた。

このクーペのボディに、当時日野が開発していたミドシップのプロトタイプレーシングの流れを汲むDOHC1・3ℓエンジンを積んだモデルが、66年の東京モーターショーに1300クーペSの名で出展された。その時点では市販予定と謳われたものの、これまた実現しなかった。それどころか、翌67年にはコンテッサ自体が生産中止となる。66年にトヨタとの業務提携を締結した日野は、再び大型車に専念することとなり、乗用車市場からの撤退を余儀なくされたのである。

徳大寺有恒

とくだいじ　ありつね

1939年東京生まれ。成城大学経済学部卒業。トヨタ自動車のワークス・チームでレーシングドライバーとして活躍したのち、自動車評論家に転身。1976年には『間違いだらけのクルマ選び』（草思社）がベスセラーに。近著では『徳大寺有恒といくエンスー・ヒストリックカー・ツアー』『徳大寺有恒からの伝言』（ともに小社刊）などがある。

間違《まちが》いじゃなかったクルマ選《えら》び
古車巡礼《こしゃじゅんれい》

初版発行　2009年10月30日

著者　徳大寺有恒
発行者　黒須雪子
発行所　株式会社　二玄社
〒101-8419
東京都千代田区神田神保町2-2
営業部　〒113-0021
東京都文京区本駒込6-2-1
電話 03-5395-0511

企画・構成　沼田 亨、bueno
装丁　中野一弘

印刷　株式会社　光邦
製本　株式会社　積信堂

ISBN978-4-544-40040-3 C0053